空氣鳳梨圖鑑

魅力品種 × 玩賞栽培 × 佈置應用

Introduction
Cultivation
Arrangements

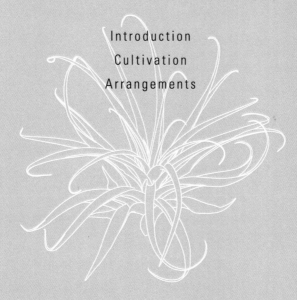

序。

令人著迷的地靈花 / 梁群健

得知《空氣鳳梨輕鬆玩》這本著作要做改版，心情很是雀躍，這麼多年過去了，空氣鳳梨的魅力不減，栽植的人更是普及了，真的是令人著迷的地靈花。認識空氣鳳梨，其實早在少年時在報紙看到，當時被說是地靈花（屬名 Tillandsia 音譯）；是種能用啤酒施肥的植物。可惜生活在東部鄉下的小鎮裡，一直無緣能夠栽上幾株，一直抱持著對植物的好奇，真的如報紙的副刊介紹那般？不必種在土裏、只要噴噴水、偶爾用淡淡的啤酒施施肥就行的植物，會是如何精彩！

再看見地靈花，是已經出了社會在南投工作，拜訪在南投魚池工作的好友，在他院子的短牆上見到一株長了數年的女王頭，成熟果莢上釋放出來的種子，竟在矮牆上，萌發出一新生的綠意。那時才知道原來空氣鳳梨，不只是用側芽繁殖，種子可以發芽再生無限綠意。喜歡空氣鳳梨，是離開了梅峰農場回到臺北以後，在塔內植物園裏結識了一群同好，在 96 年的時候更為此辦了場「好運旺旺來」關於鳳梨科植物賞花會。就在這些備展和邀展的過程裏，瘋狂的愛上空氣鳳梨，進而迷戀著鳳梨科植物，不管是耐旱的沙漠型鳳梨，還是葉腋間會積水的積水鳳梨，都令自己醉心不已，當然更是掏了不少荷包在蒐藏這些葉序的美麗（特別感謝妻的包容，允許這樣奇妙的嗜好）。

每一種空氣鳳梨都有各自的美麗，不開花雖然只有葉序的舖陳，就能展現無以倫比的風姿，在角落裏飾以枯木礁石，都能成趣的成為焦點。直到現在，這樣的熱情仍然不減，不變的是對這群植物投入的觀察，感嘆著造物主的神奇，在什麼樣的機緣下，讓這一群生命各自的演變，成就出這樣的機制適應萬變的環境。雖然這一本空氣鳳梨的書，花了好長的時間，波折幾許，還是要謝謝好友們的鼓勵和支持，更要謝謝學弟們的支持，智均以及子軒提供在原生地美洲的照片，雖然後來並沒有完全使用到這些圖像，卻是大開眼界，彷

佛跟著他們一同窺探了這塊寶地；更要謝謝 Arwoo 顏俊宇長期用鏡頭記錄空氣鳳梨曼妙的身影，一起完成這本書，期待大家跟著我們一同陷入這樣的美麗。如果您也喜歡空氣鳳梨，應該也不難體會到蒐藏它們的心情，於是1株2株、3株4株...，不斷購入喜好的品種。但其實更重要的是，如何養好它們？在不斷的領教之後，看似堅強的生命背後，會發覺脆弱就藏在細節裡。在不停的告別之後漸漸的看淡，現在的自己已不再盲目的追尋品種與奇珍，更是感嘆那些還在手中的美麗，只有不勉強的那些，選對品種符合適地適栽的，才能與這般的美麗共處下去。

序。

本地化的栽植經驗分享 / 顏俊宇 Arwoo Yen

關於本書的促成，感謝我的學長—梁群健的邀約。

原生於美洲地區的空氣鳳梨在引進台灣之後，到底能不能適應、要以什麼方式栽培、居家環境又要如何才能成功栽種；以上種種的問題，在探究過外文書籍和圖鑑之後，卻發現並不完全適用於台灣，畢竟台灣的海島型氣候與美洲地區的環境差異頗大；於是有了此書的誕生。這本書整合了 Arwoo 二十餘載的栽植經驗，所有的內容都指向一個重點：如何養好空氣鳳梨。

本書 Part 2 列出了市面上常見百餘種空氣鳳梨，在此分類為下列五款：

基本款：是目前價位較低的入門品種，適合空鳳新手。低價位的品種不代表它們不漂亮，只要養的健康，同樣會讓人愛不釋手。

進階款：是市面上價位稍高一些的品種，如果您已經累積了一點栽植經驗和信心，就可以入手進階款的空氣鳳梨。

美花香花款：收錄了花序較美豔和花朵帶有香氣的品種。是開花期較富玩賞價值的類別，當然，有些品種還需要您一點點的耐心等待花期。

雜交變種款：雜交種算是空氣鳳梨中外型比較華麗的，然而漫長的育種周期也使雜交品種的價位偏高。當然，預算充足時，入手雜交品種犒賞自己也是一種幸福。

玩家級挑戰款：這個類別列舉了幾款特別稀有的、大型的、生長緩慢的、昂貴的品種。有些品種可遇不可求，如果可以挑戰成功，當然會有無上的成就感。

栽植空氣鳳梨除了最重要的通風，本書內文也標示了日照和
水分需求。

日照需求：
★★★★★ 全日照，頂樓或空曠無遮蔽處
★★★★ 強光，可以直接曝曬半天以上的環境
★★★ 陽台、窗台、屋簷下，每天 3 小時以上的日照
★★ 散射光、無法直接照射到陽光的大樓陽台或巷弄
★ 室內窗邊明亮處

水分需求：
★★★★★ 好天氣時可以每天澆水
★★★★ 出太陽時 1 ～ 2 天一次水
★★★ 好天氣時可以頻繁澆水，外出時可 3 ～ 5 天不給水
★★ 耐旱、3 ～ 5 天一次水
★ 耐旱，好天氣一周一次水，需放置較乾燥處

此外，本書最後的「學名索引」，方便讀者用以對照學名及
目前市場上流通使用的中文名稱。但有少數較珍稀的品種尚
無中文名稱，故在 Part2 及索引僅列出學名。

文末，還得感謝 Arwoo 的老媽李素琴女士多年來對空氣鳳梨
的推廣，更參與了本書的校稿。

祝福各位讀者，栽植空氣鳳梨的每一天都有愉快美好的心情。

contents

1 空氣鳳梨的
基礎栽培

2 人氣空鳳品種 127 選

美花香花款
收錄了花序較美豔和花朵帶有香氣的品種。
是開花期最富玩賞價值的類別。

3 空氣鳳梨 立體佈置組合

空間佈置

盆植

吊掛

板植

附植

空氣鳳梨的
基礎栽培

1

Cultivation of Tillandsias

淺談鳳梨科植物

鳳梨科植物，我們最熟悉的就是食用鳳梨（*Ananas* sp.），早在 16 世紀時由南美洲的原鄉，先後傳入印度、非洲及東方各地。1650 年間，由葡萄牙人傳入澳門，再由澳門傳至廣東、海南島，再經海南島傳入福建至臺灣。

臺灣栽培鳳梨始於康熙末年（約西元 1694 年），距今已 300 多年。臺灣地處亞熱帶為海洋性亞熱帶氣候，非常適合栽培鳳梨，所以雖然不是鳳梨科植物的原鄉，但因為鮮食鳳梨產業的緣故，說是鳳梨的王國一點也不為過。

**除了食用的鳳梨以外，臺灣觀賞鳳梨又可分為
觀花、觀果及觀葉三種：**

1. 觀花鳳梨
觀花為主的觀賞鳳梨，多來自「空氣鳳梨亞科」，如常見的擎天鳳梨 Guzmania、鶯歌鳳梨 Viresea。

2. 觀葉鳳梨
絨葉小鳳梨是常見的觀葉小品盆栽。為鳳梨亞科下隱花鳳梨屬 *Cryptanthus* 植物。

3. 觀果鳳梨
觀果鳳梨另有斑葉種變異，為鳳梨亞科食用鳳梨屬 *Ananas* 植物。

在熱帶雨林中，鳳梨科植物的葉杯，是許多兩生類賴以維生的重要棲地，在樹稍上一株株的鳳梨就像是一個個小小的水庫，自成一個生態系統。圖中「貢德氏蛙」也利用葉杯休憩。

鳳梨科植物的特徵

鳳梨科植物為典型熱帶或亞熱帶植物，在外觀上由叢生的葉片組成，長帶狀、革質葉合生於短縮的莖幹上，葉片向上成凹槽，葉基部抱合呈漏斗狀，形成可以收集水分的葉杯結構，可以收集雨水以及腐爛的植物碎片，以供給植物生長時所需的水分與養分。

這類葉片基部抱合形成能蓄水葉杯的觀賞鳳梨，統稱為「積水鳳梨」，與葉杯不明顯的「空氣鳳梨」在外觀上有明顯的區別。開花時是從葉杯的中心處抽出花梗。

積水鳳梨
積水鳳梨的葉杯十分明顯，圖中為筒鳳梨
（或稱水塔花 Billbergia）。

什麼是空氣鳳梨

空氣鳳梨為著生型植物，可以不需要種於土壤中的方式栽培。根部用來攀附以固定植株；仰賴葉片吸收養分。空氣鳳梨進入開花時，葉片會有轉色的現象。除了以種子繁殖之外，管理得當，單株一年可以生出數個側芽。而多數的空鳳品種，開花結果後，母株便會死亡，並以側芽延續著下一季的新生命。

花

鮮艷美觀，常以粉紅苞片及紫色花被構成。

葉

葉片為單葉，不具葉柄，除了行光合作用之外，兼具吸收養分的功能。

莖

莖部常見短縮，葉片著生在莖節上。

根

用以攀附固定植株。

將空氣鳳梨，放置樹冠層間，模擬原生環境照片。

空氣鳳梨的原生環境

空氣鳳梨屬 *Tillandsia* 內大約有 500～600 個原生種，至今仍有新品種不斷的被發現，亦有音譯為鐵蘭屬及木柄鳳梨屬的別稱，只分佈於鳳梨的原鄉：中、南美洲及墨西哥等地為主，有些品種則廣泛分佈在南美洲大地上，族群可以綿延數千里之遠；有些品種則只侷限分佈在某一地區山谷或山區裏。少部份分佈在北美洲各地，臺灣則沒有原生種的鳳梨科植物。

圖片提供／葉智鈞

在南美洲國家，空氣鳳梨隨處可見，能夠生存於不毛之地或乾旱燥熱之處，連電線、蛇腹型鐵絲網上也能著生，讓人驚嘆空氣鳳梨的生命力。

空氣鳳梨魅力何在

空氣鳳梨又稱空氣草或鐵蘭花,它們到底有什麼魅力,成為居家栽種的新寵兒,讓喜好的朋友們著迷不已呢?栽種空氣鳳梨之所以吸引人的原因是:

1. 種它不必買土壤、介質和花盆,資材十分簡單。
2. 只要以鋁線或魚線懸掛栽培,便於立體化佈置小花園。
3. 品種繁多,開花超美,還能夠滿足人們的蒐集慾。
4. 造型奇趣,讓人過目不忘,在角落在陽臺上,都是吸引人注目的焦點型植物。
5. 栽培管理容易,只要注意通風及澆水就會活。

空氣鳳梨是誰發現的?

空氣鳳梨屬最早由芬蘭的一位醫師 Elias Tillandz(1640-1690)發現所命名。常有人號稱它們是地球上適應力最強的植物。由於捲曲多變的葉片,有如來自外星生物,所以還戲稱為「外星系植物」。

為了適應環境及減少水分的散失,空氣鳳梨漸漸以下列的方式,演化為現今樣貌奇趣的鳳梨科植物:

1. 減少葉片數
2. 根發展減少
3. 植株大小和水份容量相對的減少
4. 枝、葉、花與果實逐漸消失
5. 多數行自花受粉的傾向:在原生地,空氣鳳梨透過授粉媒介,如蜜蜂、蜂鳥、其他昆蟲或蝙蝠授粉。大多數情況下,空氣鳳梨也能自花授粉。

空氣鳳梨的構造解析

常見的空氣鳳梨植物，具有銀灰色的葉片，生長在明亮或半乾燥的
地區，可說是一種廣義的多肉植物。一般植物是於日間開啟氣孔，
吸收二氧化碳進行光合作，而大多數空氣鳳梨的生理機制與多肉植
物一樣在夜間才開啟氣孔，吸收二氧化碳，固定成有機酸的方式，
至隔日再以有機酸型式進行光合作用的反應。

根 Root

空氣鳳梨的根系,有如線狀般,較一般植物堅硬,生長迅速用以牢牢附著在生長的地方。空氣鳳梨的根系與其他植物最大差異是不具根毛構造,因此無法充分汲取水分及養分;空氣鳳梨雖生長緩慢但卻是耐性極佳的植物。

臺灣的氣候環境,在春夏季生長旺盛季節容易觀察植株長根的現象,因環境濕度高又適逢空氣鳳梨側芽萌發時,若植株生長的夠健壯,基部的根長的又快又多,可以在短時間附著在木板上,或長到盆植的介質內。

新根為新生側芽的根系。

分株下來的側芽若環境濕度高、季節合宜,能在短短的 2～3 週間開始長根。圖為:卡比他他 *Tillandsia capitata* 'Gray'。

線狀的根,能快速的附著在枯木上。

春夏季間的梅雨時節,根系大量萌發。圖為:女王頭 *Tillandsia caput-medusae*。

Stems

莖常短縮不明顯，葉片無葉柄，著生在莖節上，造就鳳梨科植物外形呈現葉序以蓮座狀排列。因花後易生側芽，因此多數的空氣鳳梨株型呈現叢生狀。部份品種的空氣鳳梨莖節並未短縮，植株會抽高或伸長，待植株老化後下位莖部木質化。因為這樣的特徵，*Tillandsia* 也有木柄鳳梨屬的別稱。

STYLE 1
莖未短縮，植株外觀不斷向上生長的類型：

日本第一
Tillandsia neglecta
老株有老化的長莖節。

羅西歐斯卡帕
Tillandsia roseoscapa
莖節不短縮，不斷向上生長，老莖木質化。

大狐尾
Tillandsia heteromorpha
一樣具有不斷升長的莖節，加上線狀的葉片，狀似狐狸尾巴。

STYLE 2
莖短縮，外觀為蓮狀座葉序排列的類型：

棉花糖
Tillandsia 'Cotton Candy'
為典型的蓮座狀葉序。

紅寶石
Tillandsia andreana
短縮的莖著生線狀葉片。

哈里斯
Tillandsia harrisii
短縮莖與蓮座狀排列葉序。

STYLE 3
不具有明顯
莖部構造的類型：

菸蘿鳳梨
Tillandsia usneoides
外觀不具有明顯莖的形態，由每一
小株，以橫生出走莖的方式，再生
出新生植株，就像是一大串5、6代
同堂的大家族。

葉 Leaves

鳳梨科植物的外型由葉片組成,單葉不具葉柄,葉片著生在短縮的莖節上,葉基部互相抱合,葉序外觀呈現為放射狀或蓮座狀。空氣鳳梨的葉形多變化,常見以下幾種:

STYLE 1
葉片呈反轉或捲曲

樹猴
Tillandsia duratii
利用捲曲的變態葉片來攀附植物。

STYLE 2
葉片呈現類似波浪狀

虎斑
Tillandsia butzii
具有波浪狀近線形的葉片。

STYLE 3
針葉的造型

白毛／白毛毛
Tillandsia fuchsii
為適應乾燥環境,葉片演變成細葉,針葉可縮小葉表面積,減少光照面積,減少水分散失。

STYLE 4
葉基抱合成壺型

犀牛角
Tillandsia seleriana
葉片反捲的管狀葉片,葉基特化並互相抱合,形成基部渾圓的外觀。

STYLE 5
鬚狀或絲狀葉片

菘蘿鳳梨
Tillandsia usneoides
外觀像鬍鬚一般,根不明顯。

這些特別的葉片形狀，也讓空氣鳳梨造型多變，增加栽培者蒐藏品種的樂趣。此外，依空氣鳳梨葉片的質地還可細分「薄葉型Thinner-leafed varieties / Soft leaves」與「厚葉型 Thick-leafed varieties / Hard leaves」的品系。

● **薄葉型**，常見生長於較多雨的地區，栽培時需注意水份的供給及濕度的維持。
● **厚葉型**，常見生長於相對較乾旱的地區，對於水份的需求及濕度要求就相對較低。

薄葉型 Soft leaves

創世
Tillandsia 'Creation'
葉片光滑無毛，外觀和常見鶯歌鳳梨類似。

厚葉型 Hard leaves

哈里斯
Tillandsia harrisii
多數空氣鳳梨外觀均外覆銀白色的絨毛，具有銀白色的外觀，葉片叢生，外觀似蓮座般向外，呈現放射狀的葉片造型。

魯肉
Tillandsia novakii
部份厚葉型的空氣鳳梨，具有紅色的葉片，在光照充足的環境下，葉色的表現更明顯。

毛狀體（腺毛、葉毛） Trichomes

空氣鳳梨藉著葉片上的毛狀體吸收空氣中的濕度及養分（如空氣中的灰塵、葉片，昆蟲的殘骸或動物的排遺等等）。毛狀體是空氣鳳梨適應環境的利器，在其他的鳳梨科植物的葉片上也有毛狀體構造，但分佈的密度卻沒有空氣鳳梨這麼高及明顯。

這也是為什麼空氣鳳梨的外觀，總是泛著銀白色光澤的原因。有些品種肉眼約略可見，或善用電子照像機的微距功能，在科技的協助下把葉片上的毛狀體看清楚。

毛狀體是一種葉毛細胞（由葉片上的表皮細胞特化而來），可以折射掉過強的陽光，對植物本身來說，提供一種「光保護 Photo-protection」的功能，具有降溫、減少水份散失的效果。同時毛狀體還能吸收空氣中的濕氣及養分，讓著生在枝椏上的空氣鳳梨能得到生長所需的養分。

薄紗變種
Tillandsia gardneri var. rupicola
是常見全株泛著銀光的品種，細看葉片上可見密佈的毛狀體。

犀牛角
Tillandsia seleriana
葉片上的毛狀體較大，以肉眼裸視的方式，便能看見其一片一片的分佈情形。

綠葉系
球拍鳳梨葉片上的毛狀體較為稀疏，或不具有明顯的毛狀體。

銀葉系
女王頭葉片上的毛狀體，分佈的十分緻密，連氣孔都被覆蓋住，不易觀察，局部受損處可看見，毛狀體下方，狀似月球表面的氣孔。

粗麵條菘蘿毛狀體觀察

粗麵條菘蘿 *Tillandsia usneoides* 'El Mejor' 為菘蘿鳳梨中，型體最大的一種，全株佈滿粗大的毛狀體，便於使用顯微鏡觀察。在微觀的世界裏，能一解大家對於毛狀體的想像。

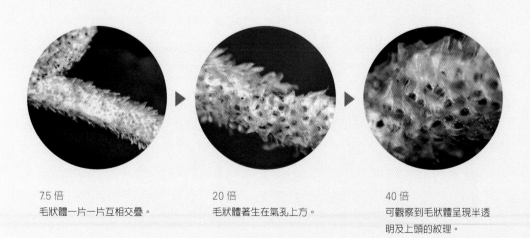

7.5 倍
毛狀體一片一片互相交疊。

20 倍
毛狀體著生在氣孔上方。

40 倍
可觀察到毛狀體呈現半透明及上頭的紋理。

花序 Inflorescences

空氣鳳梨的花通常十分鮮艷，常見以粉紅及薰衣草紫色的花被構成。部份品種花序雖不明顯，但具有香氣。花期不長，視品種而定約 1～2 週左右，但萼片卻可以宿存好幾個月以上，有些還能保存到一年以上，萼片宿存的特性，也常讓人誤以為花期很長。

* 花期：大多是 11 月～翌年 3 月
* 開花特性：開花前空氣鳳梨的心部會抽長，或是全株轉色。
* 開花方式：花序由莖頂上抽出，花序會單一由植株的葉序中心抽出，具有長花梗的品種會由中心抽出，部份有多分枝的複穗狀花序（Multi-branched spikes）。但有些不具花序或花梗不明顯的品種，花期時會全株轉色，以吸引授粉媒介的注意。

紅犀牛
Tillandsia seleriana 'Purple'
花梗明顯、花序抽高，為一多分枝性的複穗狀花序。

多國花
Tillandsia stricta
花序觀賞性高，由粉紅色的苞片組成，小花為紫色的花瓣。

休士頓
Tillandsia 'Huston'
是多國花的雜交種，保留了多國花粉色苞片的特徵。

火焰小精靈
Tillandsia ionantha 'Fuego'
是一花梗不明顯的品種，小花由紫色的 3 片花瓣組成，開花時全株轉為艷麗的酒紅色。

斯普雷杰
Tillandsia sprengeliana
外型與小精靈類似，但葉片不轉色，同為花梗不明顯的品種。葉片上的毛狀體明顯，質感有動物皮毛的錯覺。

空氣鳳梨的選購要領

初學者栽培空氣鳳梨，不必心急蒐集珍稀品種，應選擇好照顧、容易上手的品種為要。可以的話，先了解相關空氣鳳梨的特性，檢視自家環境是否有合宜的空間，再前往花市挑選喜愛的品種。

1 植物是否健康

整體外觀／ 健康的植株，枝葉完整硬挺，沒有外傷，植株姿態容光煥發。

沒有缺水／ 避免選購缺水植株，可用手輕壓植物基部，未缺水的植株，葉序合生處紮實，輕壓會有彈性；缺水的植株，葉片會過度捲曲或發生皺摺，觸感疲軟無彈性。

沒有徒長／ 徒長的植株，多半葉片會變的細長，葉序不夠緻密，或葉色不夠銀白等徵狀。如無法判別，可在同一品種裏多株比較，挑選葉序緻序，葉片數多，植株能有矮、肥、短、胖等特徵者為宜。

check point
- ☑ 完整硬挺
- ☑ 紮實有彈性
- ☑ 葉序緊密生長
- ☑ 基部健康無異味

2 用您的鼻子聞一聞

空氣鳳梨病蟲害並不多見，但如因進口時處理不當或栽培不慎，於植株的心部；或葉序的基部常因為積水或過於潮濕，引發細菌性病害的感染，而伴隨著異味的產生。發病初期外觀並不易發現，可利用嗅覺聞一聞便能查覺。

3 檢查空氣鳳梨的基部

健康正常空氣鳳梨基部，會呈現白色或米黃色收口；但如基部發黑，通常是感染細菌性病害，可聞一聞再確認一下。

4 葉片有無不正常的轉色現象

初學者以選購在臺灣馴養過的植株為宜，正常的植株若非花期，應選購標準的葉色者為佳，如有不正常的轉色，可能是因運送過程，環境驟變；或因催花不當，造成植株不正常轉色，這樣的植株未來多半會因植株過小就開花，或不正常產生太多側芽，致使株勢衰弱，而不易養成。

5 品種的正確性

因國內對於空氣鳳梨的栽培訊息仍不夠充份，選購時應要求店家給予正確的學名及標示牌，有助於使用網路查詢其生長的棲息地，或是其他國家對於該品種的栽培建議，做為參考依據。

空氣鳳梨學名表示方式

空氣鳳梨品種數量多，中文名稱多半是音譯而來，或是愛好者取其外觀特徵或以諧音戲稱而來，正確的學名表示方式，以中名的「火焰小精靈」為例，應以屬名＋種名（斜體字表示），如有品種或是栽培品種的名稱，則以單引號內加註其名稱（不需斜體字）。

屬名＋種名＋'品種名'
例如：*Tillandsia ionantha* 'Fuego'

栽培介質與工具

栽培空氣鳳梨的最大好處就是，不必使用介質，可以懸掛的方式來進行栽培。但如果您習慣將植物 " 種植 " 在一個容器內的話，那麼栽培空氣鳳梨使用的介質，無論是有機或無機介質，以透氣性及排水性高的介質為佳。

盆植空氣鳳梨

優點
雖然空氣鳳梨的根系，以固著植株為主，仍具有部份吸收能力，盆植時可以提供根系生長的空間，吸收到水分及養分的能力也較佳。

差異性
以盆植方式栽培空氣鳳梨來說，株型及個體會較板植或附植的方式更碩大，生長勢也較為旺盛。

適合盆栽種植的品種有：霸王鳳梨、電捲燙、球拍鳳梨、費西古拉塔、犀牛角等等。

有機介質

椰塊

價格便宜、保水保濕
透氣性 ★★★
排水性 ★★★★

經由椰子殼切塊製成，質輕價格合理、材料便宜。但使用前必需先充份浸水，去除椰塊內可能含有的鹽份，經浸水處理後的椰塊，能恢復原有體積。

樹皮

透氣性、排水性、保水性兼具
透氣性 ★★★
排水性 ★★★★

由美國溫帶樹種之樹皮切成小塊後再
乾燥製成。纖維多而強韌，常用在氣
生蘭花，如蝴蝶蘭、萬代蘭、石斛蘭
等的栽培上。
樹皮具有良好的透氣性、排水性之外，
還兼具保水性，可以在盆缽的空間內
提供適當濕度以利根部生長及著生，
為盆植空氣鳳梨常用的介質之一。

木炭或竹炭

吸附不良有害物質
透氣性 ★★★
排水性 ★★★★★

木炭及竹炭共同的特色就是，具有超
強吸附能力，能吸附對根系不良的有
害物質，並有抑菌及除臭的功能，降
低病源菌的感染。與栽種氣生蘭一
樣，可以單獨使用，或與其他椰塊、
樹皮混合使用。

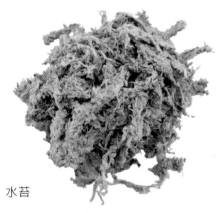

水苔

對根系附著很有幫助
透氣性 ★★
排水性 ★★★

使用量不多，常在板植或附植時，用
水苔做緩衝的材料，在根系生長前，
能提供些微的濕潤環境，以利根系的
固著。

蛇木塊（屑）

水份吸附力佳
透氣性 ★★★
排水性 ★★★★

即為臺灣原生中低海拔的筆筒樹，其
樹幹上的假導管所形成之栽培介質。
但因近年筆筒樹列為保育類植物，因
此不建議使用。另外，雖其通氣性和
對水份的吸附力佳，但易有蝸牛、蛞
蝓及其他昆蟲的寄生。

Tip

使用前應先在水中浸3～7日或熱水燙過，
去除成蟲及蟲卵之外，也可移除過量的酚
類物質。

無機介質

盆植空氣鳳梨時會用到發泡礫石、石礫（碎石）、輕石（浮石）及磚塊碎屑、破瓦盆…等，主因石礫、碎石這類材料具有重量可固定盆子不易被風吹倒，同時也能保有排水及透氣性，還能便於植株根部的固定及附著。

透氣性 ★★★ 排水性 ★★★★★

石礫

材料易取得，如使用塑膠盆時可使用，增加介質重量，提供盆植時的穩定性。

輕石 / 浮石

透氣性十足，可與其他的有機介質混用。

發泡煉石

有不同大小尺寸，顆粒大較透氣；顆粒小則較保水。可依栽植的品種混用或單用。

栽培盆器與工具

鋁線與尖嘴鉗

空氣鳳梨對於銅敏感，銅離子會傷害空氣鳳梨生長，因此懸掛栽培時避免使用銅線，以鋁線為佳。尖嘴鉗，除了方便剪取鋁線外，還可以用在鋁線造型上使用。

盆器的選擇

應擇透氣性良好的瓦盆或陶盆，這類花盆具有重量，可使空氣鳳梨有一個可以固著的位置，也較塑膠盆為宜。

鑽孔機

執行附植時，需要用到鑽孔機或手動式鑽子，在木板上、樹皮或是在枯木、流木上，製造可以穿過的小孔，以利細鋁線的穿過固定植株。

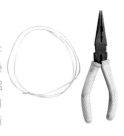

標示牌

初植空氣鳳梨的朋友，一定要在每株空氣鳳梨標上正確的學名，有利於品種的辨認及觀察。標示牌可使用油性簽字筆或鉛筆做註記，並在書寫後粘上膠帶，可以保持的更久。

栽培管理要點

栽培空氣鳳梨的最大好處就是，不必使用介質，可以懸掛的方式來進行栽培。但如果您習慣將植物 " 種植 " 在一個容器內的話，那麼栽培空氣鳳梨使用的介質，無論是有機或無機介質，以透氣性及排水性高的介質為佳。

1 避免直曬的陽光，讓空氣鳳梨先適應自家環境最重要

購入的新植株尚未適應自家環境時，要避免直曬的陽光，放置在光線明亮處，如：南向、西向或東向的窗邊、陽臺，或在遮光 30 ～ 50% 的黑網環境（但仍視品種而定）；若是不夠明亮，還可以使用人工光源，每日照射 8 ～ 10 小時。

Point　遮光 30 ～ 50%
Point　南向、西向或東向為佳

淋洗，或定期泡水 30 分鐘的方式，讓空鳳能吸足水份。

Point　晚上或上午 10:00 之前澆水
Point　提高栽種環境濕度

2 別忘了澆水，讓植株乾過頭

定期噴霧
空氣鳳梨雖然耐旱，但定期給予噴霧的環境，如每週噴霧 2 ～ 4 次，增加環境的濕度，更有益於空氣鳳梨的生長。

營造濕度
在花園裏栽上幾株積水鳳梨、山蘇花等等，營造出更合適空氣鳳梨的微環境。或是在花園裏放置水缽或水缸，直接提高環境濕度；設置石組、空心磚，出門前把石組或空心磚打濕，都可以讓環境的濕度增高。

薄葉型需直接淋洗
栽植薄葉型的品種，對水分的需求更高，在南美洲的雨林裏，可想見的是常會有雨、露水及濃霧的滋潤。建議每週 2、3 次直接淋洗空鳳，到葉片充分淋濕為佳，栽植在室外環境者，甚至每週 3、4 次。

3 小心夏季的高溫與高濕

在臺灣平地栽培空鳳時，並沒有溫度過低
（低於冰點）的問題，但臺灣的夏季常有
35°C以上的高溫則需多加注意，如伴隨高
濕、栽植於不通風環境，易引發細菌性的
病害。可適時遮陰或放置於通風處，加設
通風扇，於夜間開啟以降低夜溫，幫助空
鳳越過酷暑的考驗。

Point 遮蔭、通風幫助越夏。

4 保持通風最重要

假如家裡有種植蘭花和蕨類，如生長的不
錯，也能順利開花，那麼環境就很適合栽
培空氣鳳梨。所謂通風的判定，最好能時
時有微風吹拂的狀態為佳，或在澆水後4～
6小時內，葉片能乾燥的環境即可。另外，
居家栽植時要避免植株讓冷氣機排出的熱
風吹到，以免妨礙生長。

空氣鳳梨喜歡通風的環境。

5 立體栽培更美麗

空氣鳳梨本身就是一種焦點型的植物，附植、盆植皆宜；
佐以流木、枯木也好；將它們安置在礁岩或貝殼上都別
有情趣。立體化的栽培，比起一盆一盆的栽種，可以提
供較通風的環境，也能讓小空間有層次的美感。

6 空鳳施肥方式

對於初栽空氣鳳梨的新朋友來說，別急
著為空氣鳳梨施肥，揠苗助長讓空氣鳳
梨肥傷或是死亡。建議先讓新植的空氣
鳳梨適應居家環境，再於合宜的生長季
節施肥。一般花草建議使用的肥料濃度
稀釋1000倍，對於空氣鳳梨來說濃度
仍然太高，應稀釋到4、5000倍為宜。

春夏、秋冬交替之際施肥
有了一些栽植的經驗，經過適應後的植株，建議可以在
春、夏季之間及秋、冬之際，適度的施肥將有助於空氣
鳳梨的生長、開花及植株強健。只要母株養的夠健壯，
未來可以產生更多的側芽。但切記空氣鳳梨對於尿素或
含有銅、硼、鋅等養分敏感；尤其是銅離子，會造成空
氣鳳梨的死亡。

夜間施肥較有效益
建議入夜後再施肥，因為可配合空氣鳳梨氣孔於夜間張
開的生理行為，施肥才有效益。如擔心施的太過量，可
以先充分澆水後再行施肥。

少量多施、寧可稀薄不要過肥
把肥料稀釋的比例拉大，如稀釋到4、5000倍或是建
議用量的5倍以上，再把稀薄的肥料水當成正常的水，
以澆水方式提給空氣鳳梨使用。施肥的頻率約2～3次
澆水後施肥1次，提供生長期空氣鳳梨充足的肥料。

Point 「適時適量」及「少量多施」為空氣鳳梨施肥法則。
Point 肥料中切忌含有尿素，或銅、硼、鋅成份。

立體懸掛，可高低錯落佈置，
並且植株更為通風。

病害：軟腐病、心腐病

空氣鳳梨的病蟲害不多，只要能給予明亮通風的環境，多半不易發現病蟲害，唯有栽於不適當的環境（如高溫、高濕又不通風），空氣鳳梨才會因為體弱而導致病害。常見因為悶熱不通風而發生的細菌性病害，以軟腐病及心腐病為主。

● 軟腐病

基部感染後開始腐爛，染病的植株，在基部產生褐黑色的組織，續而發展成黑色的軟腐狀病徵。好發於體弱、尚未馴化的新株；在老株則多半是因為下半部宿存的枯葉過多，未拔除老葉再加上潮濕的季節而容易發生。

紅寶石，不當澆水及環境不夠通風時，發生軟腐病。

發現後，應立即剝除患病部位的葉片，或切除已經褐變的組織後保持乾燥；只要心部尚未腐爛分解，都還有機會拯救。

病害檢查與治療

這兩種病害會伴隨著臭味的發生，如初期發現，只要切除患部及保持乾燥及通風，配合使用殺菌劑，應可讓染病的植株回春；但若太晚發現多半已來不及搶救。

● 心腐病

感染鳳梨的心部，病菌直接傷害莖頂及嫩葉的部份，常見染病株初期，心部會有異常轉色，或心部抽長的現象（非花期）。受感染後植株心部會變成乳白色、軟腐的組織，心部（葉）易被拔起，最後植株會因為無心而死亡。

心部葉片有不正常的轉色，即為心腐病的病徵。

輕輕拉起，心部葉片會掉落，已經回天乏術。

Tip

病害多半是因為栽種密度過高，環境不通風；又或是高溫、高濕的悶熱季節。因此保持場域內的通風條件，對於空氣鳳梨的栽培，是件十分重要的事。

花友在春夏間天氣不穩定時，將空鳳植株接受春雨淋洗3日之後，放置在有大片玻璃的封閉式陽臺，環境通風不良，加上淋洗後植株含水量較高，遇上悶熱與不通風的場所，短短時間就造成軟腐病而死亡。

大白毛
Tillandsia magnusiana
輕壓患部植株，葉片即鬆散、解體。

全紅小精靈
Tillandsia ionantha 'Rubra'
因悶熱伴隨發生的軟腐病。

柯比
Tillandsia kolbii
可能放置環境除了悶熱之外，這株柯比患部還有曬傷的跡象。

蟲害：昆蟲、病蟲

空氣鳳梨的害蟲不多，只要生長健壯，對於害蟲的抵抗性也很高。除非是栽種環境不良、植株較弱或有徒長的植株，再加上害蟲的侵擾，便有雪上加霜之虞。常見的蟲害如下：

● 蝗蟲

栽種戶外的朋友，較易發現蝗蟲危害。蝗蟲喜愛啃食空氣鳳梨的葉片，嚴重時葉片的末端至葉片 1/2 處都會啃光。可用網室或防蟲網的架設來減少蝗蟲的危害。

● 螞蟻

居家栽培則要慎防螞蟻，螞蟻常是介殼蟲及蚜蟲的放牧者，會將搬來的蚜蟲及介殼蟲移置到嫩葉、心部、葉背及葉片較緻密不通風處。一經發現如數量不多，可以直接用手移除，或以軟毛刷輕刷的方式，移除蚜蟲及介殼蟲。

如栽種的數量較多時，可以適度的使用殺蟲劑來減少蚜蟲及介殼蟲的危害。而螞蟻的移除，則是一場長期的戰爭，只能在好發的季節，使用市售的餌劑定期誘殺；或是定期以全株浸水的方式來減少蟻類的入侵。

定期除葉，避免枯葉宿存過多，枯葉一旦過多，或是叢生狀的植株中已經枯萎的殘株，都有可能引來蟻類築巢及某些鱗翅目昆蟲的進駐，啃食空氣鳳梨的基部。

市售殺蟻粒劑。

● 老鼠及蟑螂

居家還有老鼠及蟑螂會啃食空氣鳳梨。蟑螂啃食的現象，常發現在心部，食痕較小；但老鼠則全株都會啃食，發現時多半損傷慘重。除了定期放置殺蟑藥及老鼠藥預防，應保持園子清潔，可減少害蟲造訪。

蟲害案例

螞蟻進駐空氣鳳梨基部或根系築巢時，會有大量的土屑或是細碎介質的堆積，並伴隨有蟻類的出沒。

壺型的空氣鳳梨品種，常受到蟻類的青睞。圖為犀牛 *Tillandsia seleriana*，葉片基部內蟻類築巢的狀況。

粉介殼蟲與盾介殼蟲，常因為螞蟻協助搬遷，當蟻類頻繁出沒時，這類害蟲也會發生。圖為粉介殼蟲，躲藏在綠葉系空氣鳳梨－索姆 *Tillandsia somnians* 花序節間的苞片裏。

板植小精靈，板植的內面，有鱗翅目昆蟲的大量排遺。

板植內面，觀察到鱗翅目幼蟲，羽化後的殘骸。

盆植「哈里斯」下位枯葉，可見鱗翅目昆蟲的大量排遺。

吊掛「日本第一」，枯葉內有鱗翅目昆蟲的排遺。

常發生的生理性障礙

● 徒長

發生原因
徒長是栽培空氣鳳梨最常見的一種生理性的問題，多半是栽培在光線不足的環境下發生。
外觀表徵
節間的間距拉長，植株會變高，但發育卻不充實，植株的葉片變長、軟弱且變窄，長久下來株勢變弱。
改善方式
將空氣鳳梨移到更明亮的環境擺放，增加光照後，可改善徒長狀態。

● 曬傷

發生原因
常見於剛購入或是換過擺放位置的空氣鳳梨。或是在盛夏時節，放置在日照過強的環境下，也易發生葉片曬傷的狀況。
外觀表徵
輕微的曬傷，葉片會泛黃或出現枯萎的現象，嚴重時，出現片狀的褐色斑，甚至是黑色的斑塊。
改善方式
移置遮蔭處，或於夏季來臨前加掛 30 ～ 50% 的黑色遮陰網，改善因為日光過強所引發的曬傷。

● 脫水

發生原因
水份供應不足而有脫水現象。
外觀表徵
葉片會向內縮或捲曲；有些在葉片上產生皺紋或皺摺，植株重量也變輕或是體色黯淡。嚴重時會全株因為缺水而亡。
改善方式
可直接將空氣鳳梨泡水 2 ～ 3 小時，讓植株充分吸足水分後取出即可。

圖中兩株皆為：日本第一 *Tillandsia neglecta*。左株生長在向光面，葉片較肥大、厚實。右株因環境光照不足，葉片狹長、莖節抽長，發生徒長現象，植株也較衰弱。

幼嫩葉片上的日燒病徵，產生局部的曬斑。

下位葉片，因忽來的冬陽及較低的濕度環境，造成葉片曬傷及焦枯。之後於生長期再生的葉片，就較正常具有活力。

Tip
經馴化及適應的過程之後，空氣鳳梨能生長出適應的葉片，只需要利用修剪的方式，去除曬傷的葉片或枯萎的部份。

發生缺水時，硬葉系的空氣鳳梨葉片上會出現皺紋，應立即給水。

當葉片基部出現缺水的徵兆，並伴隨濕度不足而產生葉片末端焦枯的現象，應以泡水解渴之外，並需提高空氣濕度，避免葉片持續焦枯。

Tip
如平時以噴霧方式給水，在夏季或高溫期要注意脫水的現象，可每週定期泡水一次，來解除因為脫水而造成的損失。

● 積水

澆水或泡水後，部份心葉或葉腋間的積水，應在 4 小時內能夠乾燥為佳。如常態性的讓空氣鳳梨心部積水，很容易引發病害的感染，不可不慎。

每一種空氣鳳梨對於心部積水的忍耐程度不同，雖然有些花友澆水會讓葉腋部積水，但並不表示沒有大礙，只是因為每一種空鳳的忍耐程度不同，又或是環境較為通風乾燥，所以才沒有釀成大害。

少數品種如：霸王鳳梨，澆水後容易在葉腋間積水，只要植株健壯，適應得來則無妨。

霸王鳳梨側芽，因澆水不慎，心部及葉腋間發生積水，心部葉片發生不正常轉色。將積水倒除，保持乾燥後，植株又恢復生長，但新生的葉序明顯較小。

● 積塵

發生原因

落塵量大的季節，或是栽種於周邊交通繁忙的環境，由於空氣鳳梨葉片上的毛狀構造，特別容易留滯塵垢。

外觀表徵

由於氣孔阻塞並妨礙正常的光合作用，葉片外觀色黑、黯淡無光。若未及時清理，葉片會逐漸枯萎，變成下位葉，再由新生的葉片更新，造成心部葉片較為雪白，下位葉色黑，用手觸摸會有黑色灰塵，日積月累，植株便生長不佳。

改善方式

落塵量大的季節，可增加泡水的次數，利用浸泡的方式，除去葉片上的灰塵。

心部曾發生積水，在葉片上留下水痕的現象。

「電捲燙」十分喜愛水，但於冬季低溫期時，不慎心部積水，留下水痕的現象。

圖為 *Tillandsia schiedeana var. glabrior*，葉片積塵，日漸失去銀白色光澤。

● 外傷

植株如因風吹造成擠壓掉落而發生的斷裂、或是動物及昆蟲的咬傷、分株而發生的外傷，都應避免澆水，將植株放置於通風處待傷口癒合。嚴重時可於傷口塗抹殺菌劑（如：免賴得），以防止細菌的感染，讓傷口乾燥後，再重新吊掛或新植。

小精靈葉片不慎碰斷的外傷。

小精靈葉片與遮陰網相互磨擦造成的外傷。

許多花友在贈與或購買空氣鳳梨時通常是透過郵寄方式，然而在裝箱時若植株太過潮濕或遇溫度太高的季節，可能因為郵寄時箱子內高溫悶熱而導致空氣鳳梨的傷亡。

電捲燙因郵包內高溫，導致葉片受傷，應剪除患部保持乾燥，還會自莖基部產生新芽，重現一線生機。

范倫鐵諾因不耐箱子內悶熱環境，寄達後開箱時整株已經死亡。

小精靈裝箱時未能保持完全乾燥，郵寄數日後，植株會因郵寄箱內悶熱的環境，導致心部腐爛，嚴重時已無力回天。

讓空鳳一株變十株的繁殖方式

分株 Division

分株是繁殖空氣鳳梨最常用的方式。空氣鳳梨開花後，強健的母株會長出數個側芽，可視側芽的大小來決定分株的時機。當側芽的大小約為母株的 1/3～1/2 時為佳，建議以徒手的方式直接進行分株。

如無法徒手操作，也可使用剪刀或刀片，自側芽的基部剪下，把側芽自母株上分離即可。

Tip
利用刀、剪之前，建議先以酒精或漂白水消毒後再使用。

分株後的側芽，不要急著栽種，應先放置於通風處，保持乾燥數日待基部的傷口乾燥，再進行盆植、附植或懸掛等作業。（可參考 Part3）

分株 示範 板植電捲燙 *Tillandsia stretophylla*

這株板植的電捲燙在開花後，已產生側芽，且側芽達植株近 1/3 大小，可進行分株。

1
徒手操作，以拇指及中指按壓側芽基部，左右搖動側芽，讓側芽自母株上分離。

2
如無法拆下側芽，可使用剪定鋏、刀具等器械協助取下側芽。

3
置於通風處，待側芽基部乾燥後，再行定植作業。

分株示範 叢生小精靈 *Tillandsia ionantha*

視品種、栽培環境合不合宜等因素,一般板植的小精靈經3～5年的培養後,會形成叢生狀的植群。如不進行分株,植群會過於擁擠且不利於植株的通風,故需以分株來維持植株個體的活力與健康。

1
先將叢生狀的小精靈自小木片上取下。

2
清除下位已枯萎的部分(也可清水洗滌後,再進行分株)。

3
視狀況決定分株的部位,芽體過小的個體應連同母株一起分株。

如何判定分株時機?

一般來說,側芽越大再分株,成活率較高、染病或不慎夭折的機會降低,但芽體較大再行分株,母株產生的側芽數也會變少。

栽培空氣鳳梨幾年之後,可以試著當側芽達母株1/3即分株,那母株可以生產較多的後代。即便是已經生產大量側芽的母株,只要持續正常管理,母株便能一直產生側芽,只是越到後期,產生側芽的速率變慢,芽的株型也會變小。

側芽與母體一樣大　　側芽達母株 1/2　　側芽不及母株 1/3

將與母株一樣大的側芽進行分株

播種 Sowing

空氣鳳梨當然也可以使用種子繁殖，只是需要花費數年的時間拉拔小苗。自種子播種開始，達成株約需 10～15 年的時間，這過程需要十足的耐性及等候，一旦疏忽就功敗垂成。播種雖然耗時，但可透過雜交育種的方式，育出自己理想的雜交品種。

步驟 1　選定親本，人工授粉

鳳梨科植物多為自交不親和，無法自花授粉，且在鳳梨科的族群中僅有 5% 的種類可以自交（自花授粉產生種子），多數的鳳梨科植物皆為異交作物。

選定親本後，可使用人工授粉的技術，為空氣鳳梨進行品種間的雜交育種，創造新穎的株型。授粉技術並不難，就是將花粉沾在母本的柱頭上，只要品種之間親和性高，多數都能產生種莢。

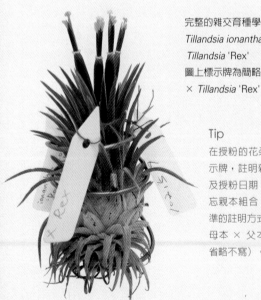

完整的雜交育種學名應標示為：
Tillandsia ionantha 'Ron' ×
Tillandsia 'Rex'
圖上標示牌為簡略的記錄方式：
× *Tillandsia* 'Rex'

Tip
在授粉的花朵上，繫上標示牌，註明雜交的組合以及授粉日期，避免日後遺忘親本組合。雜交育種標準的註明方式為：
母本 × 父本（屬名可以省略不寫）。

（授粉前）

1　圖為犀牛角開放中的花朵，已釋放出黃色花粉，且中間的柱頭已經突出，柱頭上有明顯的絨毛狀構造。

2　取另一株開花鳳梨為父本，將花粉輕輕的沾染在成熟的柱頭上。

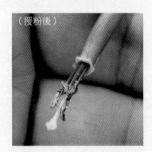
（授粉後）

3　犀牛角白色柱頭上，沾滿另一株空氣鳳梨的花粉，即授粉成功，靜待結果。

步驟 2　採收種子

進行空氣鳳梨雜交育種時，較困難的是喜好的親本，不一定會在同一個時節開花，造成雜交上的障礙，因此只要花期接近的品種，就可以試試，或是在不同品系間的小精靈進行授粉，產生種莢後試試實生播種的過程。只要有耐心等待，短則 5～6 年；長則 10 來年您就會擁有自己播種出來的空鳳品種。

Tip
空鳳種子具有絨毛，是藉風力散播後代。為預防種子隨風飄散，還可在果莢粘上一段膠帶，避免開裂過度，以致種子四散、不利收集。

小精靈授粉後 1 個月，空氣鳳梨為乾果，待乾果轉色褐色，在果莢開裂前為種子最佳採收時機。

空氣鳳梨的種子。

步驟 3　播種育苗

（材料）
空氣鳳梨種子、紗網片
噴水壺、品種標示牌

1 先將種子平均的分佈在紗網片上（也可使用樹皮替代）。

2 再使用噴水壺，噴水固定住空氣鳳梨的種子，請勿播的太密，需保留適當的種子間距。

3 噴水後，絨毛附屬物會沾粘在紗網上。播種初期要時時保持濕潤以利於發芽。

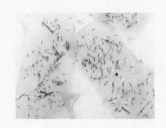

4 播好的紗網片，可依雜交組合標上名字後，放置於光線明亮、通風的環境下培養。

5 播種 7 天後，種子已吸足水，開始膨大，且顏色會由白轉綠。

種子近攝：綠色膨大狀。

種子播種 5 年的小苗，叢生的種子苗株徑不過
3 公分大小，生長速度緩慢。

播種後照顧方式

要領 1 一般播種的前三年，種子實生苗生長
最為緩慢。只要植株長到一定的大小，即進
入快速生長的階段，可以觀察到明顯生長。
在此之前，控制水份，避免給水過多，引發
藻類的生長，產生不必要的競爭，以免導致
小苗傷亡。

Point
避免在苗期使用除藻劑，因除藻劑中含有銅離子
等元素，會使小苗死亡。

要領 2 進入快速生長的階段後，可將苗移到
光線充足的環境下，維持通風與高濕的環境，
必要時供給 N-P-K 20-20-20 稀釋 4000 ～
5000 倍的液體肥，在春夏季之間或秋冬季之
間的生長期，可每週一次。

2

Popular Tillandsias

人氣空鳳品種
127 選

紫羅蘭
Tillandsia aeranthos

profile

高　度 /	15～25cm
花　期 /	春季
日照需求 /	★★★★
水分需求 /	★★
困難度 /	★★

型態簡介

分佈於巴西南部、烏拉圭、巴拉圭、厄瓜多及阿根廷等地，生長在海岸礁岩或河谷邊的樹叢頂冠層上方。種名 aeranthos 一空中的花朵之意。英名 Carnations of the air 一空中的康乃馨。長莖型的品種，莖不短縮，易自葉腋間增生側芽，常見叢生狀的外觀。春季開花，花色以具鮮紅色苞片品種較常見。

栽培技巧

適應性廣，陽台、窗台的半日照環境或頂樓全日照環境都能適應。適合以吊掛方式栽培。三瓣深紫色花朵，壯碩的植株也能開出較大的花序。耐低溫且喜好高濕環境，濕度不足時，葉片乾扁蜷曲，可以充分給水解除。

叢生並且大量開花，
令人驚艷。

小白毛
Tillandsia argentea

profile

高　　度 / 10cm
花　　期 / 春季
日照需求 / ★★
水分需求 / ★★★
困 難 度 / ★★

在春季開出紅色
苞片、紫色的花。

 型態簡介

分佈於古巴，為小型種。莖短縮不明顯，銀白色的線狀或針狀的葉，葉基部寬大，以放射狀叢生於短縮莖上。花期自心部中心抽出細長的單穗狀花序，苞片紅、花色紫。

 栽培技巧

以通風良好的窗台來說，每天定期的噴水即可。在強光環境下也能適應生長，但常因光度過強或濕度較低，導致葉端乾枯。春季會開花，花後自植株近中心處增生側芽，芽體較小較不易於拆芽，建議待小芽較為茁壯，株型較大一點時再進行拆芽的作業。

Q 叢生狀的空鳳，要不要拆開？

台灣的氣候較為潮濕、悶熱，過於大叢的群生植株，中心部位易因為通風不良，導致病害或蟲害的發生，如喜歡叢生狀的空鳳植群，建議可以拆成較小叢些栽植。如捨不得拆成小叢的植群，也應該定期去除枯老的葉片為佳。

貝利藝抽出的
花莖細長。

貝利藝

Tillandsia baileyi

profile

高　　度 /	10～15cm
花　　期 /	春季
日照需求 /	★★
水分需求 /	★★★
困難度 /	★

 型態簡介

分佈於墨西哥、瓜地馬拉及尼加拉瓜等地，生長在海拔850～1,200公尺地區。植株基部略膨大。臺灣花市常稱「貝利藝」是以種名 baileyi 音譯而來。

栽培技巧

半日照以上的強光，有助葉色的維持。在低光度環境植株能適應生長，但葉色會漸漸轉為較暗沉的灰色。貝利藝易成叢生狀，通常單株在開花後，可以繁殖數量較多的側芽。

貝姬
Tillandsia bergeri

profile

高　　度 /	15cm
花　　期 /	春季
日照需求 /	★★★
水分需求 /	★★★
困 難 度 /	★★

型態簡介

長莖型的原種，外觀與 *Tillandsia aeranthos*（紫羅蘭）相似。易自葉腋處增生側芽，常見叢生狀外觀。臺灣花市常稱「貝姬」是以種名 bergeri 音譯而來。

栽培技巧

經由冬天低溫刺激後，貝姬於春季開花，花序與紫羅蘭相似，但貝姬花序整體外觀、型色較為淡雅，紫羅蘭的花色則較鮮艷。貝姬紫色花瓣略呈波浪狀，於花期如春風中搖曳的淡紫色裙襬。

在臺灣環境下栽培，
貝姬易生側芽，常見
叢生狀的外觀。

左：紫羅蘭 *Tillandsia aeranthos*
右：貝姬 *Tillandsia bergeri*

貝姬的花瓣
略呈波浪狀。

Q　如何區分紫羅蘭
　　和貝姬？

這兩個原種確實在外觀上非常相近，又因
為每個人居家裡環境不同，栽培出來的外
觀，高矮胖瘦各有不同。

在未開花時要分辨這兩種，還得帶著幾分
猜測。建議鑑別外觀相似的空氣鳳梨時，
宜在開花期作區分較為確實，係因進入開
花期，原種的特徵表現較為明顯之外，花
器及花序也是植物鑑別的主要器官。

圖左是紫羅蘭，花色鮮艷，花器構造較為
精巧。圖右是貝姬，花序較鬆散，花瓣紫
色較為淡雅，花瓣較長且花瓣外緣略呈波
浪狀捲曲。

貝可利
Tillandsia brachycaulos

profile
高　　度 / 15～20cm
花　　期 / 春季
日照需求 / ★★
水分需求 / ★★★
困難度 / ★

型態簡介

原產自中美洲一帶，墨西哥、宏都拉斯及巴拿馬等地。臺灣俗名為什麼稱「貝可利」已經不可考了！相較於種名 brachycaulos 音譯的 " 布拉齊卡螺絲 " 來得順口。葉色翠綠，夏季開花時，會自心部抽出直立的花序，花期全株轉為鮮艷的紅色。

栽培技巧

建議日照 6 小時以上的環境為佳，如光照不足，開花時轉色不全，僅心部微紅。日照充足時，花期心葉火紅的色調，更加飽和艷麗。臺灣夏季若無遮陰，葉片易遭夏日正午的陽光晒傷。缺水時植株軟弱、葉片蜷曲，應增加澆水頻率與次數。春、夏季易生根，可進行板植。盆植的株型會較大。

成長階段的貝可利植株為綠色。

開花時，葉片會轉成鮮艷的火紅色。

章魚，
小蝴蝶

Tillandsia bulbosa

profile
高　　度 / 15cm
花　　期 / 春季
日照需求 / ★★★
水分需求 / ★★★
困 難 度 / ★

具有章魚般的外觀，
而被稱為「章魚」。

型態簡介

分佈於中南美洲，如墨西哥、厄瓜多及巴西北部等地；生長在 1,300 公尺以下的灌叢及樹林中。臺灣原以「小蝴蝶」稱呼本種，但近年因章魚般的外觀，改稱為「章魚」。種名 bulbuosa 形容具有球莖狀的外觀。葉基部抱合形成壺狀株型。葉內凹略呈管狀，以利水分的吸收。

栽培技巧

章魚適應性廣，栽培容易，無論是強光或弱光、乾燥或潮濕，章魚皆能生存。但若要把章魚植株栽培的又肥又壯，充足的日照和定時的澆水不可少。花期常見在農曆年節左右，心葉會轉色，櫻桃色複穗狀花序，開放著管狀紫色花朵。

主要特徵為葉面上布有均
勻的橫帶狀不規則斑紋。

虎斑
Tillandsia butzii

profile
高　　度 / 20～25cm
花　　期 / 冬、春季
日照需求 / ★★
水分需求 / ★★★
困 難 度 / ★

 型態簡介

分佈在墨西哥南部及巴拿馬等地，海拔 1,000～2,300 公尺的山區。
臺灣以虎斑稱呼本種，因葉面上布有均勻的橫帶狀不規則斑紋。細
長的管狀葉片，葉鞘基部抱合形成壺狀。常見於冬季開花，自中心
抽出複穗狀花序，苞片顏色較不鮮艷，但並不一定每年都開。

 栽培技巧

虎斑如栽植在半日照或光照較弱的場所，葉片較為柔軟、株型外
觀呈攤開狀。如光線充足或在強光下，葉序則包覆緊密，葉片姿
態挺立有生氣。喜歡澆水的朋友，虎斑較喜好潮濕環境可以經常
澆水，與章魚及小綠毛可共同栽培一處。

卡比他他

Tillandsia capitata

profile

高　　度 / 20～30cm
花　　期 / 春季
日照需求 / ★★
水分需求 / ★★★★
困 難 度 / ★

型態簡介

卡比他他是個大家族，廣佈於南美洲各地，墨西哥、古巴、瓜地馬拉、宏都拉斯和多明尼加等地，平地至海拔 2,500 公尺地方都可見到它的蹤跡。本種具有各類型態及變種。中大型品種，株高及株徑，若栽培得宜，可達 50 公分以上。花市中稱它為「卡比他他」是以種名 capitata 音譯而來。

栽培技巧

適應力強，高溫的夏季到寒冷的冬季都能生存。若光線不足，葉片徒長、株型鬆散。乾旱則會導致葉片變薄及向內捲曲，外觀雖然柔弱，但都能適應存活！花期時，心部抽高，花序上末端的葉片轉色，不同品種的卡比他他在花期時也呈現不同的葉色。

卡比他他在秋冬時節，葉片會泛出紅色。

女王頭
Tillandsia caput-medusae

profile
高　　度 / 15 ～ 25cm
花　　期 / 冬、春季
日照需求 / ★★★
水分需求 / ★★★
困 難 度 / ★★

型態簡介

分佈於墨西哥及中南美洲海拔 2,400 公尺以下的地區，為生性強健的品種。株高 10 ～ 20 公分左右，也有大到 35 公分的記錄。花市俗名稱為「女王頭」，其名字與種名 caput-medusae 有關，原意為蛇魔女梅杜莎之意，用以形容特殊的捲曲葉型。葉基部互相抱合，形成壺狀的造型。

栽培技巧

半日照以上的環境為佳。肥厚葉片中儲存大量水分，長時間不給水依然耐旱；缺水過度時，葉型更加蜷曲。春季開花，常見未成株的女王頭在花季依然能開花。心部抽出複穗狀花序，苞片為鮮紅色。以鋁線吊掛常因根系無處附著，株型略顯瘦長。板植或盆植為宜，讓根系得以附著有助生長。

女王頭花期多在農曆春節後陸續綻放。

象牙，象牙玉墜子

Tillandsia circinnatoides

profile

高　　度 /	10～15cm
花　　期 /	春季
日照需求 /	★★★
水分需求 /	★★
困 難 度 /	★

開花期的象牙盡量放置強光處，有助於花苞的顯色。

型態辨識

廣泛分佈於美洲及中南美洲的原種，常見生長在海拔 600～1,500 公尺以下的地區。平均株高在 15～18 公分之間，生長緩慢。花市中稱為「象牙」或「象牙玉墜子」等名，極可能與植物朝向一方生長，狀若象牙的外觀有關。花期自心部抽出複穗狀花序，半日照下花苞不鮮艷略呈綠色。

栽培技巧

象牙葉肉較肥厚，耐強光。光線條件不佳的窗台也能適應，但株型較不美觀。光照充足環境，花色則鮮艷美觀，且株型較為緻密緊實。花後增生側芽數量不多，叢生株型需耗費多年栽植，建議以「有芽堪折直須折」的方式管理。側芽夠大可以早點分株，保持母本活力再誘引出更多的側芽。

象牙的側芽數量通常不多，但生長頗快。

空可樂
Tillandsia concolor

profile
高　　度 / 15～25cm
花　　期 / 春季
日照需求 / ★★★★
水分需求 / ★★★
困難度 / ★★

型態簡介

「空可樂」由種名 concolor 譯音而來，分佈於墨西哥至薩爾瓦多等地，生長在 150～1,200 公尺的地區。莖短縮不明顯，葉型呈狹長狀的三角形葉，與 *Tillandsia fasciculata*（費希）有點相似。株高約 18 公分，株徑亦可達 30 公分左右，為中大型的原種。葉片有塑膠的質感，質地較脆，葉末端處常因運送而折損。

栽培技巧

對光線的適應性廣，強光至陰暗處皆可栽培，生長的速度較慢。栽種在北部地區葉片較稀疏，葉色呈深綠色；南部地區常見空可樂葉片曬成黃綠色。性耐旱，但充足的水分及高濕度環境有助於生長。

3～5 月開花，花期長，花芽分化至抽穗，需時一個多月。

健壯的植株花序碩大，具多量的苞片；
苞片具有紅色緣。空可樂雖然長得慢，
但優美的成株非常值得我們期待。

花期會集中在 11 月左右，花序巨大鮮豔。

費西，
費西古拉塔
Tillandsia fasciculata

profile
高　　度 / 25～80cm
花　　期 / 秋、冬季
日照需求 / ★★★
水分需求 / ★★★
困 難 度 / ★★

型態簡介

產自美洲佛羅里達、加勒比海；中美洲及南美洲北部地區，常見生長在海拔 1,800 公尺以下。莖短縮不明顯，葉為狹長的三角形葉，質地堅硬易斷裂，長約 30 ～ 70 公分。花序直立、大型自中心處抽出，苞片淺橘至翠綠色的穗狀花序，十分壯觀。花市以其種名音譯，簡稱「費西」。

栽培技巧

栽培容易性耐旱、耐強光。雨季可於室外淋雨，易誘使發根。根系發達盆植、上板皆宜。基部葉鞘可貯水，出遠門前充分澆灌，1 ～ 2 週不澆水也無礙。花後易生側芽，適時分株有利於芽體的生長及健壯。

小綠毛

Tillandsia filifolia

profile
高　　度 / 7～15cm
花　　期 / 春季
日照需求 / ★★★
水分需求 / ★★★★★
困 難 度 / ★★★

🌿 型態簡介

分佈自墨西哥中部及哥斯大黎加等地，生長在海拔 100～1,300 公尺地區。外觀雖與小白毛相似，但它們是截然不同的品種。針狀或線狀的葉，質地柔軟纖細，葉色較綠，花期時自心部抽出複穗狀花序，與小白毛單穗狀花序不同。

🌱 栽培技巧

耐陰佳，弱光的環境下栽植，是少數可於室內栽培的品種之一，但栽於室內時仍需注意通風及濕度的維持。

通常於 4 月前開花，花朵精巧別緻，秀氣可愛，用於居家布置、窗台妝點都引人注目。

煙火鳳梨
Tillandsia flabellata

profile

高　　度 / 15～25cm
日照需求 / ★★
水分需求 / ★★★★
困難度 / ★

型態簡介

原產自墨西哥南部及中南美洲瓜地馬拉、宏都拉斯、尼加拉瓜、薩爾瓦多等地。臺灣花市常稱為煙火鳳梨，與其紅色的複穗狀花序，狀如煙花綻放有關。又分綠葉和紅葉兩種型態，綠葉型的生長速度較快；紅葉型，全年葉色紅。

栽培技巧

除吊掛外，盆植也適宜。臺灣南部地區，煙火鳳梨的株型常養植的非常巨大，植株越大時，複穗狀花序的量會更多，進入花期時就更為精彩可觀。建議半日照栽培環境為佳，宜略遮陰 30～50% 不等；全日照下易發生葉燒。

開花有如煙火綻放。

盆植後的巨大煙火鳳梨。

高光照射的環境，有利於哈里斯生長。

哈里斯
Tillandsia harrisii

profile
高　　度 / 20～30cm
花　　期 / 春、夏季
日照需求 / ★★★★
水分需求 / ★★★★
困難度 / ★

型態簡介

產自瓜地馬拉特庫盧坦（Teculutan）地區的河岸岩壁上。臺灣以其種名 harrisii 音譯為「哈里斯」稱之。原生地族群極為稀少，為華盛頓公約（CITES）二級的保育品種。現在花市販售的哈里斯多為人工繁殖而來。莖不明顯短縮，葉片覆有大量銀白色毛狀體；花期時花序自心部抽出單穗狀花序。

栽培技巧

全株滿佈銀白色毛狀體，說明本種性喜高光照的環境。栽培管理容易，喜好高溫、高濕、強光的環境，若環境及栽培得宜，株徑可達 30cm 以上。本種根系發達，宜板植或盆植為佳。花期於春夏季間，但不一定每年開花，花後可產生側芽，再以分株方式繁殖為主。

小精靈系列 *Tillandsia ionantha*

小精靈是初植空氣鳳梨的最佳選擇之一，栽培管理容易上手。能養好小精靈就是進入空鳳之路的第一步，跨越了這道門檻，對於空氣鳳梨栽植，就建立起基本了解和認識。以下 5 款皆為小精靈家族的品種。

小精靈
Tillandsia ionantha

profile

高　　度 /	5～15cm
花　　期 /	秋、冬為主 春季少量花開
日照需求 /	★★
水分需求 /	★★★
困 難 度 /	★

型態簡介

觀莖短縮不明顯，以綠色狹長的三角型或線形葉片輪生於莖節上而組成。花期於心部開花，但不同品種間，花期葉片轉色不同，如「全紅小精靈」可全株轉紅。

栽培技巧

小精靈家族很耐旱，適應性廣，只要栽種環境及通風條件適宜，管理很容易。在臺灣平均空氣濕度 60～80% 適宜生長，一般太乾時，葉片易捲曲。日照不足，則表面的銀白色鱗毛會脫落，花期轉色也不足。噴霧澆水時，應噴到葉表面濕透為宜。

瓜地馬拉小精靈葉形較尖。

瓜地馬拉小精靈
Tillandsia ionantha 'Guatemala'

型態簡介

瓜地馬拉的小精靈，其實是以品種名
'Guatemala' 音譯而來，為小精靈家族成員
之中，較原始的品種。外觀上葉型較尖且細
長，在高濕的季節易長根。

栽培技巧

適合板植，可搭配木頭、石頭或貝殼等進行
組盆。發根期間容易著生在物體上。喜好通
風環境，較不宜盆植，可全日下栽培，夏季
宜遮陰，可預防葉燒。

全紅小精靈
Tillandsia ionantha 'Rubra'

🌿 型態簡介

葉片較瓜地馬拉小精靈寬厚一些，是花市常見的品種之一。臺灣嘉義以南的地區常見養成群生叢生狀，但單株養植為又肥又大也很可觀。

🌱 栽培技巧

全紅是株型及花期轉色，非常討喜也十分上鏡頭的品種。喜好高光照，可栽植於西曬陽臺或光線更強環境下，光照充足時，開花株全株紅透令人驚艷。

開花株全株紅透，格外討喜。

德魯伊
Tillandsia ionantha 'Druid'

🌿 型態簡介

德魯伊以其品種名 'Druid' 音譯而來，是小
精靈中較特別的一種，多數小精靈於花期
時葉片轉紅，並開出紫色花朵，但德魯伊
在秋季開花時，葉片轉成鵝黃色，開出白
色的筒狀花。

🌿 栽培技巧

與其他小精靈相較，德魯伊較無法接受強
烈的日照，強光下葉末易因日燒導致乾
枯。栽植時需注意光線環境，較其他品種
來的緩和一些為宜。花後增生的側芽數量
多，如略有施肥，單株在一年後能產出7～
8個側芽左右，栽植成叢生狀並不困難。

火焰小精靈
Tillandsia ionantha 'Fuego'

型態簡介

體型較一般的小精靈迷你，株型較為修長一些。到了開花季節，葉片就被渲染成血紅色，讓人驚艷！

栽培技巧

適合吊掛栽植，能每年開花，花後增生的側芽數量也不少，但仍不及德魯伊。吊掛栽培不需多年，也能成就出球狀的叢生株。

吊掛養成叢生的火焰小精靈。

開花時的火焰小精靈。

小精靈家族的其他品種

手榴彈
Tillandsia ionantha 'Hand Grenade'

白化小精靈
Tillandsia ionantha 'Albino'

錐頭小精靈
Tillandsia ionantha 'Conehead'

小精靈家族的其他品種

馬丘
Tillandsia ionantha 'Macho'

華美小精靈
Tillandsia ionantha 'Huemelula'
目前在台灣栽植最大型態的小精靈。（感謝方宏晉先生提供照片）

花生米
Tillandsia ionantha 'Peanut'

羅西塔
Tillandsia ionantha 'Rosita'

墨西哥小精靈
Tillandsia ionantha 'Mexico'

小精靈家族的其他品種

水蜜桃小精靈
Tillandsia ionantha 'Peach'

高絲小精靈
Tillandsia ionantha 'Tall Velvet'

多國小精靈
Tillandsia ionantha var. *stricta*

長莖小精靈
Tillandsia ionantha var. *van-hyningii*

線藝小精靈
Tillandsia ionantha 'Variegata'

大三色
Tillandsia juncea

profile
高　　度 / 35～45cm
日照需求 / ★★★
水分需求 / ★★★
困難度 / ★

 型態簡介

原產在南美洲北部地區，如哥倫比亞、秘魯、玻利維亞等地及巴西東部地區和中美洲、墨西哥等地，為大型的原種。成株葉長可超過30cm，葉型演化成細長的針狀或線狀葉，有利於大三色在烈日下，減少光線曝曬的面積，同時達到減少水分散失目的。

 栽培技巧

喜好明亮光照及通風良好的環境，並不適宜長期移入室內栽植。大三色的根系除具附著功能外，還是具備吸收功能，曾將大三色以保水性強的培養土種植，根系生長旺盛，株型變得異常巨大！但盆植的前提是需要極通風的環境。

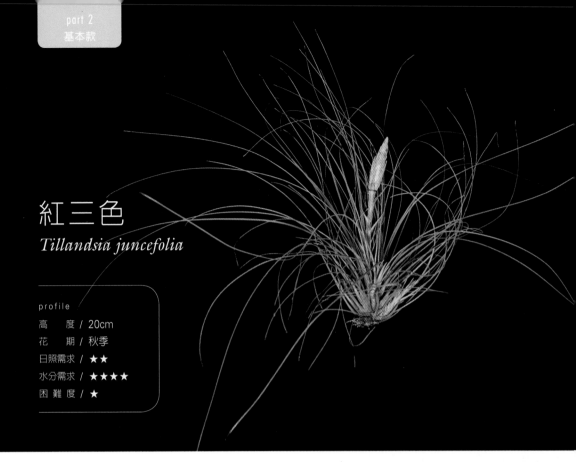

紅三色
Tillandsia juncefolia

profile
高　　度 / 20cm
花　　期 / 秋季
日照需求 / ★★
水分需求 / ★★★★
困 難 度 / ★

型態簡介

與大三色是很相近的原種，但葉表的鱗毛不像大三色那麼濃密。秋冬季日夜溫差較大時，葉末端會轉成紅色。花後紅三色以走莖的方式產生側芽與大三色在莖基部萌生側芽的方式不同。

栽培技巧

與大三色栽培方式相似，但栽培光照度較大三色弱一級。曾見過將紅三色塞進到試管內的方式表現花藝舖陳的美感，雖然美的特別，但這樣的手法。僅限於短時間的擺設，若長期栽培在不通風的試管中，微環境的空間畢竟還是太悶、栽植的風險過高。

酷比
Tillandsia kolbii

profile
高　　度 / 8cm
花　　期 / 春季
日照需求 / ★★
水分需求 / ★★★
困難度 / ★

 型態描述

原產自瓦哈卡、恰帕斯及瓜地馬拉等地。外觀與小精靈相似，曾一度以 *Tillandsia ionantha* var. *scaposa* 標示。兩者間最大差異在於花期時較為明顯，酷比有明顯花序，花序長且具有明顯的苞片。小精靈花序及苞片皆不明顯，可見紫蘿蘭色的花被。

栽培技巧

喜好通風涼爽、高濕的環境，管理上較重水分，澆水的次數可頻繁些。如水分較少時，葉片質地會較薄一些，重量也較輕。

「酷比」類似「小精靈」，但有明顯花序。

大白毛
Tillandsia magnusiana

profile

高　　度	/	15cm
花　　期	/	春季
日照需求	/	★★★★
水分需求	/	★★★
困難度	/	★★★

型態簡介

原產自墨西哥的西、南部；薩爾瓦多、尼加拉瓜和宏都拉斯等地。銀白色的外觀，線狀或針狀葉，莖短縮不明顯。4～5月陸續開花，植株於進入花期時，心部會明顯的膨大。

栽培技巧

居家陽台、光線明亮環境處都適宜栽植。銀白色的外觀，常誤判為耐旱品種，但其實喜好高濕、重水分，澆水時應充分澆淋。

銀白色的近線狀或針狀葉，也是欣賞重點。

大天堂
Tillandsia pseudo-baileyi

profile
高　　度 / 30～50cm
花　　期 / 冬、春季
日照需求 / ★★
水分需求 / ★★★★
困 難 度 / ★

 型態簡介

原產自墨西哥、瓜地馬拉、薩爾瓦多及宏都拉斯等地。外觀與章魚相似，管狀的葉片，質地較堅硬，葉色較偏橄欖綠，且葉片上具有條紋分佈。葉基處也抱合成壺型的外觀。晚冬時開花，於心部會抽出複穗狀花序，花期長。

栽培技巧

喜好高濕環境，澆水的次數可較頻繁，於半日照及光線明亮處都適合栽培大天堂；光線充足至全日照環境下，葉色呈現美麗的紫紅色。

多國花

Tillandsia stricta

profile

高　度 / 30 ～ 50cm
花　期 / 秋～春季
日照需求 / ★★
水分需求 / ★★★★
困難度 / ★

型態識別

原產自委內瑞拉、蓋亞那、巴西、阿根廷等地區，常見分佈於低海拔地區。由近線狀葉片叢生而成的外觀，因分佈廣泛、品種多樣化，依葉片質地可概分成硬葉型及軟葉型兩大類。花期於心部會抽出略彎曲的花序，白或粉紅至紅色的苞片，大而美觀；小花紫色。花期秋至春季，冬季花期長達半個月左右。

栽培技巧

生長速度較於其他品種快，可頻繁澆水。北部環境適宜栽植，陽台、窗邊至半日照環境都能栽植到開花。軟葉型多國花生長勢較強，花後再生側芽的數量較多；硬葉型生長速度較慢。花後易成叢生狀態，建議適時以 2 ～ 3 株為一叢的方式分株，可避免過度叢生，無法適應臺灣夏季悶熱的環境。

T. stricta 'Silver'

T. stricta 'Silver Star'

T. stricta 'Stiff Gray'

綠葉型多國花。

多國花花大而美觀。

紫葉型多國花。

T. stricta 'Black Beauty'

T. stricta 'Gray Mist'

T. stricta 'Stiff Gray'

三色花
Tillandsia tricolor

profile
高　度 / 15～20cm
花　期 / 春季
日照需求 / ★★★
水分需求 / ★★★
困難度 / ★

 型態簡介

原產自中南美洲，如哥斯大黎加、巴拿馬、瓜地馬拉、宏都拉斯及墨西哥等地。葉片光滑呈鮮綠色，葉基部咖啡色。葉鞘結構易積水以適應生長環境，於葉基處儲水越過不良的生長季。側芽發生的方式較特別，自外圍葉腋間長出走莖後，再生成側芽。

 栽培技巧

雨季時易發生大量根系，以利板植。在冬天的低溫期間，充足光照時葉片轉紅。夏季需遮陰，夏季全日照下的烈日，易於葉稍處發生曬傷。春天開花，花苞未成熟時，勿移到低光處會導致消蕾或無法順利開花。花後剪除花梗，可促進側芽發生。

菘蘿鳳梨

Tillandsia usneoides

花色綠，開放在植株末端，具淡淡香氣。

profile

高　　度 /	1～2m
花　　期 /	春、夏季
日照需求 /	★★★
水分需求 /	★★★
困難度 /	★

型態簡介

英名 Spanish moss。廣泛分佈在於美國西南部及中、南美洲等地區，海拔 3,300 公尺以下，常見生長在紅樹林、灌叢、熱帶雨林與霧林帶等環境。銀白色植株會不斷的分叉生長，呈現細絲狀的外觀，垂掛在樹上最長可長至 6 公尺。與菌藻類共生的菘蘿相似而得名。

栽培技巧

可生長在光照明亮環境，喜好高濕，生長期間可以每日給水以利生長。但叢生垂掛的特性，不利通風大，過於大叢時，應適時梳理或分株，保持膨鬆的狀態或分成小叢一些，可以避免中心處，因悶熱發生枯黃。

葉片有粗細不同品種。

范倫鐵諾
Tillandsia velutina

profile
高　　度 / 10cm
花　　期 / 冬、春季
日照需求 / ★★
水分需求 / ★★★★
困難度 / ★

 型態簡介

原產自瓜地馬拉及恰帕斯等地，常見生長在海拔 1,000 公尺左右的山區。莖短縮不明顯，橄欖色葉片上滿佈毛狀體；絨布狀的葉，質地較薄、軟。花期心部葉片轉色，產生膨大近球狀的花序後開花；花色紫。

栽培技巧

花市販售的范倫鐵諾多經由栽培場馴化過，於臺灣環境栽培管理容易。好高濕，可以經常澆水。

阿比達
Tillandsia albida

profile
高　　度 / 50～60cm
花　　期 / 夏季
日照需求 / ★★★★
水分需求 / ★★★
困難度 / ★★

型態簡介

產自墨西哥海拔 2,200 公尺以下乾旱的環境。為長莖型的品種，葉肉厚實、葉面與葉背佈滿細密的銀白色毛狀體，以防止強光曬傷和防止水分散失。在原生地常見生長在乾旱的山崖邊，與多肉植物及仙人掌為鄰。臺灣花市稱「阿比達」以種名 *albida* 音譯而來。

栽培技巧

阿比達十分耐旱，喜好炎熱及高光照，適合頂樓或西晒，環境如合適時生長迅速。花期較不穩定，待植株夠成熟後才會在莖頂上開花，花色為少見的乳黃色。成株時會巨大的有如狼牙棒。

開出的花色為少見的黃綠色。

花期時自心部開出鮮艷的橙紅色花。

紅寶石
Tillandsia andreana

profile
高　　度 / 15cm
花　　期 / 春、秋季
日照需求 / ★★★
水分需求 / ★★★
困 難 度 / ★★

型態簡介

原產自哥倫比亞海拔 500 ～ 1,700 公尺的地區。臺灣花市稱為紅寶石，沿用日本圖鑑《Tillandsia Hand Book》內文說明，形容本種為空氣鳳梨中的寶石而來。近球狀的外觀，以黃綠色或嫩綠色的針狀或線狀的葉片，輪生在短縮的莖上而組成。花期時自心部開放鮮艷的橙紅色花，十分美觀。

栽培技巧

外觀與狐狸尾相似，栽培環境不需強烈的日照，以光線充足為佳。居家的窗台皆可以栽培，喜愛水氣充足的環境，生長期時能多給水，以利生長。新葉間若出現相互交叉狀，表示植株已經缺水需適時補充。冬天低溫寒流時，可移至避風處及減少澆水等方式，渡過低溫期。

叢生多芽的紅寶石。

阿爾伊薩
Tillandsia arhiza

profile

高　　度 /	50～70cm
花　　期 /	秋季
日照需求 /	★★★★
水分需求 /	★★
困難度 /	★

 型態簡介

原產自巴西、秘魯、巴拉圭等地，常見分佈在海拔 60～2,300 公尺地區，外觀與樹猴 (*Tillandsia duratii*) 相似，但花序為複穗狀花序，生長較為迅速，常見呈叢生狀態，每年開花，花期長且紫色的花朵具有特殊香氣。

栽培技巧

生長強健、性耐乾旱，對環境的適應性強，在全日照之下，株型較為緊緻結實；在半日照下，外觀也能健康漂亮。在臺灣的氣候環境，可以露天栽培直接淋雨，即便是梅雨季節也不必特別管理。

紫色的花朵具有芳香氣味。

全日照環境，生長狀況良好。

柳葉
Tillandsia balbisiana

profile

高　　度 / 30cm
花　　期 / 秋季
日照需求 / ★★★
水分需求 / ★★
困 難 度 / ★★

 型態簡介

廣泛分佈在美洲地區，美國佛羅里達洲南部；中美洲直至墨西哥、哥倫比亞、委內瑞拉等地都有分佈。生長在海拔 1,370 公尺以下地區，喜好生長在樹枝間略有遮陰處。外型飄逸，莖短縮、葉基部抱合呈長筒狀或長橢圓型，灰綠色的葉片，長而捲曲。長花序具有黃綠色的臘質苞片、花為紫藍色。

 栽培技巧

生性強健，適應性佳，喜好溫暖及潮濕的環境，半日照至光線明亮處或略遮陰處栽培，全日照下易發生晒傷的危機。栽培管理與「女王頭」類似，但本種建議以吊掛方式栽植，可以展現其獨特的葉姿。

巴爾薩斯

Tillandsia balsasensis

profile

高　　度	/ 20cm
花　　期	/ 夏季
日照需求	/ ★★★★
水分需求	/ ★★
困難度	/ ★★

 型態簡介

原產自秘魯的品種，具有曲度的葉型，成熟的老葉末端會略向下捲曲，全株外覆似銀白色皮毛狀的毛狀體，外觀優雅。花期於花心抽出長花序，苞片黃綠色，花色白。

 栽培技巧

本種生性強健，易生側芽，對環境的適應性強。高溫炎熱的南部地區，生長的速度極快；中北部地區生長較緩慢且植株小。建議吊掛或板植，較老的葉片會向下彎折，秋冬時節葉面會出現紫色斑塊。

香檳
Tillandsia chiapensis

profile

高　　度 /	30cm
花　　期 /	秋季
日照需求 /	★★★
水分需求 /	★★★
困難度 /	★★

 型態簡介

墨西哥的特有原種，種名以產地墨西哥 Chiapas 省命名。臺灣花市稱為香檳，亦以種名音譯而來。莖短縮不明顯，乍看與哈里斯 *T. harrisii* 相似；葉黃綠色滿佈毛狀體，株型較厚重飽滿，質地具有皮革的質感。花期自心部抽出膨大肥壯的花序，玫瑰色的苞片，十分好看。就連花序上也佈滿毛狀體。

栽培技巧

本種適應性強，栽培容易，唯生長速度較為緩慢，建議可以盆植方式栽培，盆植栽培時，因根系可以附著生長及基部較為保濕的環境，株型可較吊掛或附植的來的大型一些。

樹猴
Tillandsia duratii

profile
高　　度 / 30 ～ 50cm
花　　期 / 秋季
日照需求 / ★★★
水分需求 / ★★★
困 難 度 / ★

樹猴用來攀附的捲曲葉片。

 型態簡介

原產自玻利維亞、巴拉圭及阿根廷等地，常見分佈在海拔 200 ～ 3,500 公尺乾燥的地區，常見生長在林冠層上方。長莖型的原種，葉橫切面略呈三角型，末端呈現捲曲的型態，用以攀附生長及固定在灌叢枝條上。臺灣花市稱為樹猴可能是因特殊的生長型式，能攀附生長在樹上的特性而來。紫色花具香氣。

 栽培技巧

在選購時應選購植株越大的為宜，因植株越小生長速度緩慢。喜好強光的環境，在野外的個體，株型異常巨大，莖直徑可達 4 公分左右。因此在弱光或光線較不足的環境下栽培，株型會較為苗條修長。水分充足葉片伸展；缺水時葉片捲曲。根系不發達，適合以吊掛或附植方式栽培。

噴泉
Tillandsia exserta

profile
高　　度 / 30cm
花　　期 / 秋季
日照需求 / ★★★
水分需求 / ★★
困 難 度 / ★★

 型態簡介

噴泉的線條優美，有如翩躚曼妙的舞者，葉片就像拋出的彩帶，靜止中又帶著定格的律動，為墨西哥的特有種。莖略短縮，植株外觀以黃綠色的單葉，輪生在莖節上組成；葉型窄而細長，有曲度狀似噴泉而名。花期長達三個月，苞片粉紅至紅色，開出紫羅蘭色的花。

 栽培技巧

生性強健，喜好溫暖的環境，若溫度低於 1°C 時需注意防寒保暖的措施。全日照環境，葉片較短，且光線充足時植株較易開花。常見居家半日照環境下栽培，雖然葉片較長一些，但株型優美，各具奇趣。

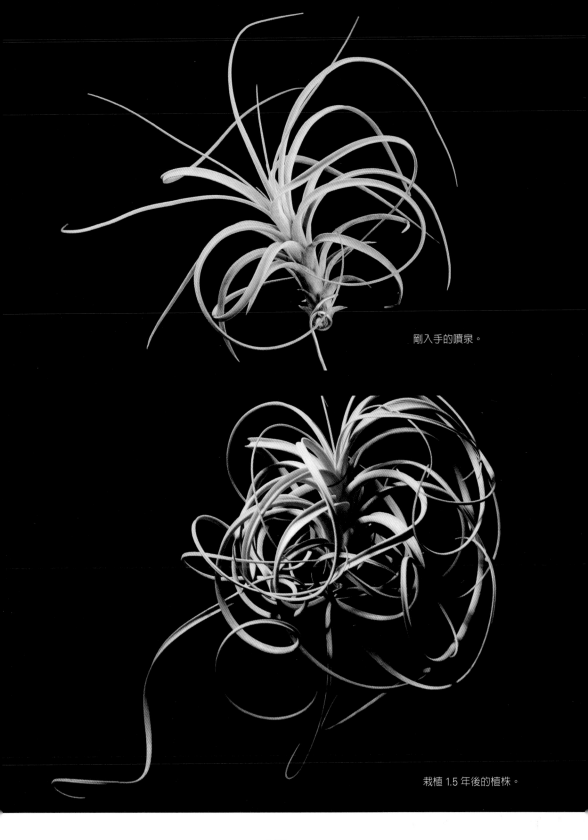

剛入手的噴泉。

栽植 1.5 年後的植株。

狐狸尾巴
Tillandsia funkiana

profile
高　　度 / 10～15cm
花　　期 / 春季
日照需求 / ★★★★
水分需求 / ★★
困 難 度 / ★★

型態簡介

原產自委內瑞拉，常見分佈於海岸的崖壁上。中小型、長莖型原種，線狀或針狀的葉片，輪狀或叢生在莖節上，莖節易生側芽，常見叢生狀，下垂方式生長。花期於心部開放出橘紅色的花朵。

栽培技巧

喜好生長在溫暖環境，夜溫低於10°C時，則需注意防寒及保暖措施。在臺灣南部地區生長較快，北部則生長較為緩慢。建議以附植或吊掛方式栽培為宜。本種耐強光、乾旱環境，直接日照有益於植株健康及側芽的生長。栽培環境如過於陰涼或陰暗，下位葉易發生乾枯現象。

狐狸尾巴叢生的驚人模樣，
每一小株都有 10 公分大小。

薄紗,
薄紗美人
Tillandsia gardneri

profile
高　　度 / 20cm
花　　期 / 春季
日照需求 / ★★★
水分需求 / ★★
困難度 / ★★★

型態簡介

原產自委內瑞拉、巴西及哥倫比亞等地，常見生長在海拔 200～400 公尺乾燥的地區。另有 *T. gardneri* var. *rupicola* 的變種。葉質地輕薄、柔軟，在陽光照耀下，薄如蟬翼的葉片具有絲綢般的光澤，下位葉就像歐洲貴族仕女的晚宴禮服。臺灣花市別稱為「薄紗」。

栽培技巧

喜好高濕、空氣流通又光照充足的環境。栽培上具有一定的技巧，不宜露天栽培及淋雨，卻又需要充足的日照，如光照不足或在弱光下栽植，葉表面的毛狀體會脫落，葉色不佳。居家建議栽植在採光罩下環境最為適宜，但澆水時應每回給水以全株濕透為原則。

葉片具有絲綢般的光澤，質地薄如蟬翼。

花中花
Tillandsia intermedia

花中花栽植建議以吊掛栽培為宜。

profile
高　　度 / 15～20cm
花　　期 / 春季
日照需求 / ★★★
水分需求 / ★★
困難度 / ★★

型態簡介

為墨西哥西特有種。葉色灰綠，葉片會捲曲，葉基部相互抱合成長筒狀，獨特之處在花後，花序末端產生新芽（花梗芽），栽培多年後形成一長串的植物外觀，因此，栽植花中花，於花期結束後不要急著將花剪掉。臺灣花市別稱為「花中花」，可能是以其特殊花梗芽產生的方式而命名。

栽培技巧

喜好光線充足至明亮環境，於夏季栽培時全日照環境，應適當遮陰，避免曬傷。缺水時花中花的葉片會捲曲，水分充足、澆水頻繁或露天栽培淋過雨後，葉片又伸直。花後除了花序末端產生花梗芽外，其實於基部同樣也會產生新生的側芽。

拉丁鳳梨,
毒藥

Tillandsia latifolia

profile

高　　度 / 小型高 8 ～ 12cm
　　　　　大型寬 30 ～ 60cm
花　　期 / 春季
日照需求 / ★★★★
水分需求 / ★★
困難度 / ★★★

型態簡介

原產自秘魯及厄瓜多。常見生長在海拔 2,650 公尺以下的乾燥地區。本種株型變異多,具有許多不同的個體,小型種的株高在 8 ～ 12 公分之間。臺灣花市稱為「拉丁」是以種名前兩個音節音譯而來,又稱「毒藥」,但其實無毒。

栽培技巧

不同品種間,生長及栽培方式不一,本種常見分佈在乾旱地區,在臺灣海島型氣候下的相對濕度,對它來說已經太高了,栽培時切忌放置在會淋到雨的位置,不需經常澆水。長時間日照不足,不利於生長。一旦日照不足或環境光線太弱時,下位葉會發生乾枯。小型品種生長速度慢,不易開花。

T. latifolia 'Enano Red' 拉丁的小型種通常會在花梗處抽出新芽。

T. latifolia 'Caulescens'

粉紅色管狀花朵，無香氣。

大型品種連花梗
株高可達1公尺。

T. latifolia 'Divaricata'

麥肯思雜交種，
米肯斯雜交種

Tillandsia micans Hybrid

profile

高　　度 / 15cm
花　　期 / 春、夏季
日照需求 / ★★★
水分需求 / ★★★
困 難 度 / ★

型態簡介

為雜交種，親本已經不詳。*Tillandsia micans* 原種葉片質地柔軟，葉色紫。雜交後葉質地較堅硬，蘋果綠的葉色，與原種已不太相似。臺灣以種名 micans 音譯，稱為麥肯思雜交種。花期常見於春夏季之間。

栽培技巧

生性強健，適應性強，是容易上手栽培的品種之一，即使是未開花的植株，只要植株夠強健，也能生出許多側芽。生長快速，但環境如過於潮濕陰暗，鮮嫩的蘋果綠葉色，會變的較為暗沉，失去光彩。

T. micans 麥肯斯原種

魯肉，滷肉

Tillandsia novakii

profile

高　　度 / 60cm

日照需求 / ★★★★

水分需求 / ★★★

困 難 度 / ★

光照越充足，紅褐色的
葉色表現越佳，在室外
栽培全株泛紅。

型態簡介

為墨西哥的特有種，為中大型原種，具有特殊的栗色或紅褐
色的葉色。臺灣花市別稱以種名 *novakii* 音譯的諧音「魯肉」
或「滷肉」稱之，其葉色類似醬燒及魯味的色調，以魯肉為
名十分貼切。不常開花，花期自心部抽出大型的複穗狀的花
序，花序上會開放深紫色筒狀花。

栽培技巧

國外魯肉的訂價不菲，在臺灣花市售價卻平易近人，主因魯
肉適合臺灣的氣候環境，花市販售的魯肉大多已是在臺灣本
地繁殖，半日照環境不即可生長良好。

歐沙卡娜，
澳沙卡娜
Tillandsia oaxacana

profile
高　　度 / 10cm
花　　期 / 春季
日照需求 / ★★★
水分需求 / ★★
困難度 / ★★★★

栽培要特別注意通風。

 型態簡介

為墨西哥的特有種。原生地常見分佈在低海拔地區，好生長在橡樹林或松林間。本種予人的第一印象就是亂。莖短縮不明顯，略帶曲度線狀葉片，輪生或叢生在莖節上，葉形外觀像晨起未經梳理的頭髮一樣。與 *T. velickiana* 相似，但歐沙卡娜的花苞只有一個，名稱是以種名音譯而來。

栽培技巧

栽培管上需注意，避免過度的悶熱、潮濕，栽培溫度以 10～30 度環境為宜。雨季或季節交替時，需注意通風，不宜淋雨。建議可栽植於採光罩下或半封閉式的陽臺環境為宜。春季開花，花芽分化期間若日照不足很可能導致消苞。

粗糠

Tillandsia paleacea

profile
高　　度 / 30cm
花　　期 / 秋季
日照需求 / ★★★★
水分需求 / ★
困難度 / ★★

型態簡介

原產自玻利維亞、秘魯、哥倫比亞等地；為長莖型的原種，質地粗糙，表面覆蓋濃密的銀白色絨毛，本種易叢生，但不易開花，紫色三瓣花與樹猴類似，但無香氣。

栽培技巧

極度耐曬、耐乾、抗旱的品種，易分生側芽，根系不發達。在諸多外文的網頁上，均建議栽培本種 'Don't water me'。建議吊掛方式栽培；光照度不足時，下位葉易乾枯。如果乾枯的植株中，一直未吐出新葉則表示已適應不良了，建議應移至強光處栽培待其恢復。切莫以為乾枯而大量灌水只會加速死亡。

普魯諾沙，
紅小犀牛角

Tillandsia pruinosa

profile

高　　度 /	8cm
花　　期 /	秋季
日照需求 /	★★★
水分需求 /	★★
困難度 /	★★

型態簡介

為中小型，莖短縮的原種分佈在美國佛羅里達洲至中美洲的委內瑞拉、巴西、厄瓜多等地。常見生長在海拔 1200 公尺以下地區。葉基部抱合成壺型。外觀與章魚相似，葉片上的毛狀物雖稀疏但較明顯。臺灣花市稱為普魯諾沙，以種名 *pruinosa* 音譯而來，或稱紅小犀牛角。

栽培

喜好光線充足及高濕的環境下，光照充足時葉片呈現紫紅色調。普魯諾沙單株的外觀，相當有型也具有喜感。建議板植為宜，南部地區生長較快，易長成叢生狀；北部地區則生長較慢。

不到十公分的身高，下腹部有個大大的肚子，表面披覆冰晶顆粒的外衣，還有著觸鬚一樣的葉片。

開螺絲，開羅斯
Tillandsia queroensis

profile

高　　度 / 30cm
日照需求 / ★★★
水分需求 / ★★★
困 難 度 / ★★

型態簡介

原產自厄瓜多至秘魯等地；為中大型的原種，長莖型，莖明顯、不斷向上生長的原種。莖部柔軟，葉末端細長且略向下彎曲；不常開花，花序呈粉紅色。「開螺絲」是以種名 *queroensis* 音譯而來。

栽培技巧

生長快速，適應力很強，半日照環境下亦能生長的健壯；光線明亮或只有間接光源的巷弄、天井處也能生長沒有問題。

穿雲箭
Tillandsia schusteri

profile
高　　度 / 30cm
花　　期 / 夏季
日照需求 / ★★★★
水分需求 / ★★
困難度 / ★★★

型態簡介

為墨西哥特有種，原產自高海拔山區。Schusteri 外觀有著奇異的質感，臺灣花市以「穿雲箭」稱呼本種。墨綠色葉片，質地柔軟，像鍍上一層金屬的外膜，光照下會隱隱反射著光線，極為特殊。

栽培技巧

需要較強烈的日照，栽植於弱光處，葉色黯淡失去光澤感。因為沒有豔麗的顏色，幼株並不搶眼，但成株及養壯後，株型及外觀具有與眾不同的野味。建議以吊掛或板植栽培。

「犀牛角」為蟻植物的一種唷！

犀牛角
Tillandsia seleriana

profile

高　　度 / 20～30cm
花　　期 / 春季
日照需求 / ★★★
水分需求 / ★★
困難度 / ★★★

 型態簡介

產於墨西哥至中美洲，如薩爾瓦多、瓜地馬拉等地，常生長於海拔約 2,400 公尺地區的松林或橡木林中，原生環境常有霧氣較為潮濕。莖短縮不明顯，葉色灰綠，植株表皮毛狀體明顯，質地粗糙，圓錐形的葉基部抱合呈壺型，葉基抱合除有利於水分的吸收及儲水外；還有利於與蟲媒—螞蟻互利共生。開花時，抽出桃紅色的花梗及苞片，花朵為紫色管狀花。光照及溼度充足時，花苞及花朵的顏色會較飽滿。

 栽培技巧

栽培環境需光線充足，至少要有一個上午或一個下午的日照較為足夠，建議種植時應盆植為宜，並稍斜擺，放置在 " 固定 " 的地方較有利於生長。成株後 4～5 月間開花，開出複穗狀的花序。如擔心螞蟻寄居共生，可以定期全株泡水方式除蟻。

電捲燙，
電燙捲

Tillandsia streptophylla

profile

高 度 /	20cm
花 期 /	春季
日照需求 /	★★★
水分需求 /	★★★★
困難度 /	★

🌿 型態簡介

原產於墨西哥、瓜地馬拉、牙買加及宏多拉斯等地。莖短縮不明顯，葉基部會抱合呈壺型。種名 *Streptophylla* 形容本種特殊的葉型。Strepto- 有旋轉之意；phylla- 為葉片的意思。臺灣花市俗名「電捲燙、電燙捲」十分貼切。常見 3～5 月開花，為複穗狀花序，苞片為粉紅色，花期長。

💧 栽培技巧

喜好光線充足的環境，但夏天應移至遮陰，減少曬傷的機會。冬季寒流來時，則應移至避風處，減少寒害及凍傷的機率。水分充足時會加速生長，但葉片因伸展而減少捲曲的狀態；水分若不充足時，葉片捲曲有型。建議板植或盆植方式栽培為宜。

超奇妙的原種！可以每天都澆水或是泡水，
電捲燙的葉片會拉成直挺挺的；也可以放心
的度假一到兩周，一樣放置半日照的陽台，
回來後你會發現它變成超級捲捲頭！

藍色花
Tillandsia tenuifolia

profile

高　　度	/	10cm
花　　期	/	春季
日照需求	/	★★★
水分需求	/	★★
困 難 度	/	★★

T. tenuifolia 'Amethyst'
長年都是深紫色的 " 紫水晶 "。

 型態簡介

廣泛分佈在南美洲及西印度群島等地。因分佈廣泛之故，因此在 *T. tenuifolia* 有許多的品種，但臺灣花市統稱本種為藍色花；另有栽培種 'Amethyst' 臺灣稱為白花紫水晶或紫水晶等名。莖明顯，易生側芽，常見呈叢生狀，於春季開花，在心部抽出粉紅色苞片的長花序，花色藍紫色或白色。

栽培技巧

生性強健，耐旱性佳，栽培時需要較多的日照。建議以板植或吊掛方式栽培為佳。植株可著生在樹枝、樹幹或以垂掛栽植，大部分 *T. tenuifolia* 都有著美豔的花序。

T. tenuifolia 'Purple Fan'

T. tenuifolia 'Amethyst'

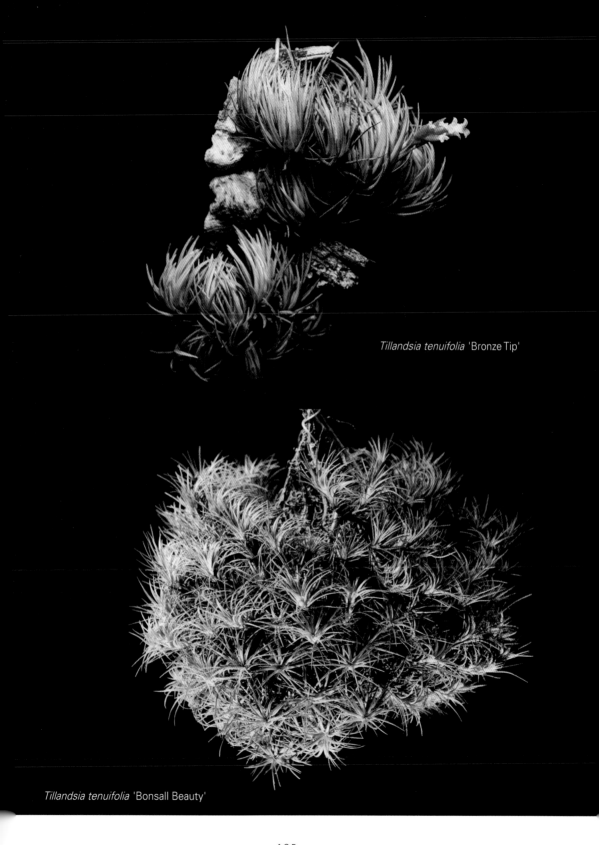

Tillandsia tenuifolia 'Bronze Tip'

Tillandsia tenuifolia 'Bonsall Beauty'

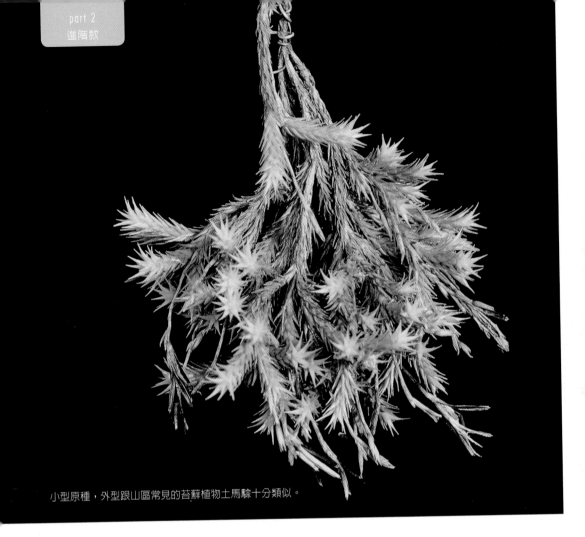

小型原種,外型跟山區常見的苔蘚植物土馬騌十分類似。

草皮
Tillandsia tricholepis

profile
高　　度 / 5cm
花　　期 / 春季
日照需求 / ★★★
水分需求 / ★★
困難度 / ★★

 型態簡介

本種分佈在玻利維亞、巴拉圭、阿根廷及巴西等地。雖為迷你型原種,株型極小,但莖明顯不短縮。花色黃但不明顯,能自花授粉產生果莢與種子。

 栽培技巧

性耐旱、好強光,耐得住烈日曝曬,但卻無法生長在太幽暗的環境,光線一旦不足導致植株弱化,最終因生長不良而告終。

刺蝟

Tillandsia utriculata
ssp. *pringlei*

profile
高　　度 / 10 ～ 12cm
花　　期 / 夏季
日照需求 / ★★★
水分需求 / ★★
困難度 / ★

型態簡介

為 *Tillandsia utriculata* 的亞種。原種為大型種，英文俗名 Spreading airplant。廣泛分佈在美洲及南美洲及中南美洲等地。變種的株型較小易生側芽，像是無止境的在長小芽的品種。臺灣花市無特殊的俗名；中國則稱為刺蝟，來形容它不斷增生側芽，形成叢生狀的外觀。

栽培技巧

栽培環境的光照條件，提供稍強的光照及充足的給水，養成圓球般的叢生狀植株並不困難。本種形成大型的叢生也不易因為側芽成熟，而株型鬆散。建議以吊掛栽植為佳；叢生結構異常緊密紮實，如要拆芽或分株，常讓人有無處下刀的錯覺。

常見直徑還不到 10cm 的一小叢裡，
其實已佈滿密密麻麻數十個小芽。

Tillandsia utriculata 原種
是罕見的大型原種

維尼寇沙
Tillandsia vernicosa

profile
高　　度 / 20cm
花　　期 / 夏季
日照需求 / ★★★★
水分需求 / ★★
困 難 度 / ★★

 型態簡介

廣泛分布在中美洲的各處，如玻利維亞、阿根廷及巴拉圭等地。為中大型品種，莖短縮不明顯；花期時心部抽出複穗狀的長花序，苞片鮮紅。*T. vernicosa* 具有幾種不同的型態，每一種都有著獨特的質感。

 栽培技巧

炎熱地區到寒冷的高海拔山區都能適應。偏強的日照下栽培，葉色更加明亮，可半露天栽種，植株可淋雨，缺水時葉面出現皺縮狀的紋理。

T. vernicosa 'Tall Form'

T. vernicosa

T. vernicosa 'Purple Giant'

霸王鳳屬於大型的品系，葉長可
達60cm，在花藝設計和景觀布置
時，霸王鳳是很好用的品種。

霸王，法官頭
Tillandsia xerographica

profile
高　度 / 30～50cm
花　期 / 冬季
日照需求 / ★★★
水分需求 / ★
困難度 / ★

 型態簡介

原產自墨西哥、薩爾瓦多、瓜地馬拉及宏都拉斯等
地，分布在海拔 140～600 公尺、年雨量只有 500～
800mm 的乾旱疏林中，常見生長在高處的枝幹上。種名
xerographica 由希臘文字根 xero-(dry) 乾旱或乾燥之意；
及 graphia-(Writing) 字跡之意；形容本種耐旱及飄逸的
植株外觀。

 栽培技巧

十分耐旱，基部葉鞘處可儲水的方式，對抗乾旱的不良
環境。吊掛、盆植或附植皆宜，雨季時易長出大量的根
系，可待雨季時進行板植或盆植的作業，以利根系的附
著。不是每年開花，花期多集中在冬季，強光下栽培，
有助於抽花序。

耐旱性佳，數週沒有澆水，
霸王鳳依舊神采飛揚！

在通風開放的環境栽培，
葉腋處積水也不需擔心。

霸王鳳的花序。

阿珠伊

Tillandsia araujei

profile
高　　度 / 30cm
花　　期 / 春或秋季
日照需求 / ★★★
水分需求 / ★★★
困 難 度 / ★★

可用線將阿珠伊綑綁在木頭上，待其根系抓住木頭再拆線。

 型態簡介

為巴西的特有種；因產自巴西東南部的聖保羅州一帶，英文俗名以 Sao Paulo Airplant 稱之。種名 *araujei* 是以其分佈在 The Arauje 流域附近而命名；臺灣花市則以種名 *araujei* 音譯阿珠伊稱之。為長莖型的原種，葉片狀呈短胖略肉質化的針狀或短刺狀的葉。易生側芽，常見呈叢生狀生長。

栽培技巧

生性強健，栽培上並不困難。長莖型的阿珠伊不適合盆植。建議以吊掛或板植栽培，板植可於雨季進行，雨季或濕度高的季節容易長出大量根群，有利根系攀附木頭或其他物體。應定期清除枯黃的下位葉，可避免病蟲害發生。半日照下株型較狹長；全日照下則葉姿緊密，葉型較短。

阿珠伊的紅白花序。

養很久還是只有 5cm 的阿根廷。

阿根廷的花精巧細緻，
花苞醞釀好久才抽出它的三瓣小花。

阿根廷，
阿根廷納

Tillandsia argentina

profile

高　　度 /	5cm
花　　期 /	春季
日照需求 /	★★★★
水分需求 /	★★
困 難 度 /	★★★

 型態簡介

原產自阿根廷及玻利維亞等地，但最初於阿根廷西北部發現，以發現地命名為 argentina；臺灣花市俗名則以種名音譯阿根廷、阿根廷納稱之。生長在海拔 400 ～ 1,600 公尺地區，常見以叢生狀著生於樹枝或岩壁上。為莖短縮的小型種，葉質地堅硬，葉色橄欖綠，葉表有皺縮的特徵。

 栽培技巧

生性耐旱，但生長速度極慢，會長根，根群細小不發達。建議可以板植或吊掛培養；弱光環境下，生長速度更加遲緩。易生側芽，即便未開花也會生出小芽。不是每年都會開花，強光下可促進花芽分化。

桃子卡比他他

Tillandsia capitata 'Peach'

半日照盆植的桃子卡比他他。

profile

高　　度 / 30cm
花　　期 / 春季
日照需求 / ★★★
水分需求 / ★★★★
困難度 / ★

型態簡介

廣泛分佈在美洲地區，墨西哥、宏都拉斯、古巴和多明尼加共和國等地。在原生地，因為人類不當的開發及農牧作業等威脅，造成棲地的破壞。但本種因分佈廣泛及栽培選拔的結果，導致本種下有許多不同的品種。本品種 'Peach' 在臺灣花市俗名以栽培種名字譯為「桃子」，以形容花期時特殊苞片色彩。

栽培技巧

生長快速，建議以排水良好的介質盆植為佳，吊掛栽培亦可，但植株個體會較瘦弱。冬天時即使非花期葉片也會呈橘紅色。適合半日照的環境，全日照容易因為缺水而生長變慢，可頻繁的澆水，葉心會積一點水無妨，只要栽植於通風明亮處，也不需刻意把積水倒出。

卡比他他標準的開花方式為，葉心先抽高變色，再開出紫色棒狀花。

全紅卡比他他
Tillandsia capitata 'Rubra'

profile

高　　度 /	30cm
花　　期 /	春季
日照需求 /	★★★
水分需求 /	★★★★
困難度 /	★

 型態簡介

本種臺灣花市並無特殊的俗名，以卡比他他 'Rubra' 稱之。rubra 在拉丁文為紅色的意思；係形容本種在開花時全株葉片、花序上的苞片，都會轉為紅色的特徵。在外觀上較為飄逸，葉型較狹長，葉末端呈波浪狀反捲的現象。

栽培技巧

在半日照環境下，以吊掛方式栽培時，葉片較長，株型較為鬆散飄逸。如以盆植或栽植在強光環境下，葉片較短而寬。因為表面毛狀體較少，夏季慎防曬傷。如有蝸牛入侵，應立即清除，經蝸牛和蛞蝓的爬行及啃食，可能導致葉片腐爛。

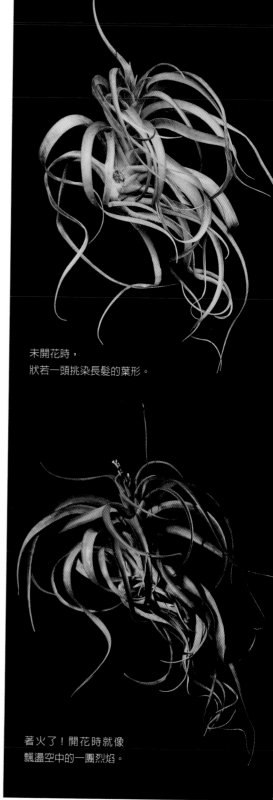

未開花時，
狀若一頭挑染長髮的葉形。

著火了！開花時就像
飄盪空中的一團烈焰。

鴨肉卡比他他

Tillandsia capitata 'Yellow'

profile
高　　度 / 35cm
花　　期 / 春季
日照需求 / ★★★★
水分需求 / ★★★
困 難 度 / ★

型態簡介

'Yellow'、'Rubra' 及 'Peach' 一樣，都是形容「卡比他他」於花期時，葉片及花序上苞片呈現的色調。鴨肉為苞片呈現黃色的品種；臺灣花市以栽培種 'Yellow' 音譯成「鴨肉」。在外觀上，葉片質地較為平坦，株型較為開展。

栽培技巧

有別於其它的卡比他他，本種較耐強烈的日照。適合盆植，盆植的株型大，外型良好，介質以疏水性良好的介質為佳；雨季時易長出大量根群，可在長出新根後定植。與霸王一樣，於葉鞘可儲水，以應付長時間乾旱。光線不足時，苞片及花梗的顯色較差；強光下栽培，即綻放豔麗精彩的花序。

Q 蝸牛蛞蝓要清除嗎？

蝸牛好可愛，蝸牛是我花園的小訪客 ... 千萬不要這樣想，蝸牛和蛞蝓喜歡躲在鳳梨的下位葉啃食老葉，經過它們啃食或是沾染其爬行的黏液，空鳳都會因此生病，嚴重甚至爛心。若有發現請務必抓走。

全日照之下，花期葉片轉色才會鮮明。

半日照時，苞片鮮黃的特徵則轉色不明顯。

克雷仙師

Tillandsia caulescens

profile

高　　度 / 15 ～ 20cm
花　　期 / 春季
日照需求 / ★★★
水分需求 / ★★★★
困 難 度 / ★

 型態簡介

原產秘魯南部及玻利維亞等地。常見生長在乾旱的岩壁或岩石上。外型與多國花相似，但為長莖型原種，葉質地堅硬，葉片以螺旋狀分佈叢生在短莖上。花期於春季，於心部抽出長花序，花色鮮明，白色花與紅色苞片十分對比。

 栽培技巧

因本種葉片質地較硬，常因碰撞而導致葉片折損。本種會長根，但不適合盆植，以吊掛栽培為佳。在弱光下，葉片深綠色；強光下，葉色偏近黃綠色。

強光下，葉色偏黃。

白色花從花苞下方陸續開至上方。

棉花糖

Tillandsia 'Cotton Candy'
(*T. stricta* × *T. recurvifolia*)

profile

寬　　度 / 20cm
花　　期 / 冬季
日照需求 / ★★★★
水分需求 / ★★
困難度 / ★★★

型態簡介

棉花糖中文俗名，係以其品種名 'Cotton Candy' 字譯而來；為莖短縮的中小型品種，產地不明，為多國花的人工雜交種，以多國花 *T. stricta* 為母本；*T. recurvifolia* 為父本，雜育出來的後代。本種花色鮮明美觀，是常見的觀花品種之一。

栽培技巧

原文常以 Sun-loving 及 Water-loving 來簡述棉花糖的栽培管理；但台灣屬於多濕海島型氣候，不宜頻繁給水；日照充足才益於生長。易生側芽，生長良好植株，在未開花時也能側生出許多小芽，但因葉片茂密，在分株時有些困難，建議吊掛栽培，叢生狀的植株在開花時有如煙花一般綻放的更精彩。

單芽的棉花糖。

叢生狀的棉花糖。

棉花糖粉紫色的花朵很夢幻。

Q 棉花糖不再開花了
怎麼辦?

棉花糖要開花,必須滿足兩個條件:低溫及強光。在台灣北部地區冬季雖有低溫,但多為陰天,無法促進開花,能否在自然栽培條件下開花,還是得拜託老天爺。如植株健壯,可於自然花期秋末或冬初時,切一塊蘋果,將蘋果片與棉花糖置入不透氣的紙袋中放置3～5天,利用蘋果產生的天然催花荷爾蒙-乙烯,促進開花,如催花成功,在30～45天後,會產生花序開花。

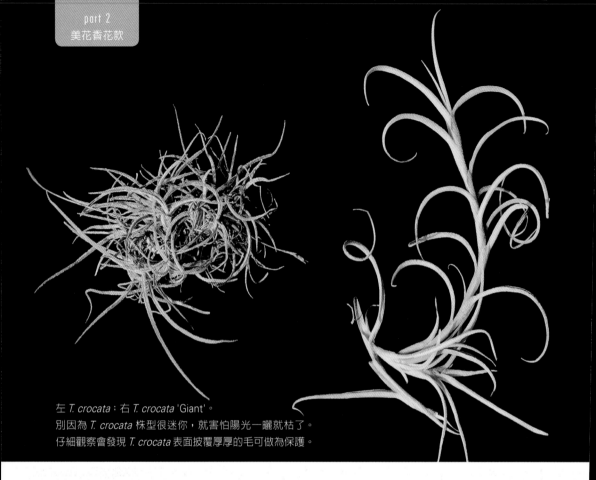

左 *T. crocata*；右 *T. crocata* 'Giant'。
別因為 *T. crocata* 株型很迷你，就害怕陽光一曬就枯了。
仔細觀察會發現 *T. crocata* 表面披覆厚厚的毛可做為保護。

克洛卡塔，
黃香花
Tillandsia crocata

profile
高　　度 / 10cm
花　　期 / 春季
日照需求 / ★★★★
水分需求 / ★★
困 難 度 / ★★

 型態簡介

原產自巴西、玻利維亞、阿根廷、巴拉圭與烏拉圭
等地。分佈在海拔 900 ～ 2,700 公尺地區，常見生
長在開闊森林的樹冠或枝幹上。種名 crocata 原意為
有如番紅花的色澤，以形容本種特殊橙黃色的花色，
春、秋季開花，橙黃色的花，有甜美的香味。小型、
叢生狀的品種，葉呈線狀或近針狀，薄而長微向後
彎，葉片上有明顯的毛狀體。

 栽培技巧

喜好光線，光度一旦不足時，易因生長不良而枯死。
半天以上的日照環境下，植株外觀雪白健康。雖然
性耐乾旱，但為小型種，也不能太長期的缺水或植
於濕度不足的地方。建議板植栽培，具細小根群以
附著物體，板植時需綑綁確實，否則極易脫落。

T. crocata 的鵝黃色小香花。

T. crocata 'Giant' 同樣是香花，但卻有著完全不同的花色。

原種的 *T. crocata*。

紫花鳳梨, 球拍, 紫玉扇

Tillandsia cyanea

球拍鳳梨的紅色花苞。

profile

大　　小	/ 高約 40cm、寬 30cm
花　　期	/ 夏、秋季
日照需求	/ ★★★
水分需求	/ ★★★★
困難度	/ ★

 型態簡介

原產自厄瓜多雨林中。莖短縮，綠色的線形葉叢生在莖節上，根群能附著在樹幹上生長。春、秋季開花，大型的扁平狀花序，具有近 20 片明亮的粉紅色苞片組成。苞片的色彩可維持數月之久。英名 Pink quill 意為粉紅色羽毛。種名 cyanea 原意為藍色，形容本種開出具有藍紫色的花朵。

栽培技巧

耐陰性較佳，在半日照或光線明亮處皆可栽植，根系發達，本種根系具有吸收養分的能力，建議以盆植為佳，介質以排水透氣佳為宜。吊掛栽植時但較易發生消苞的情形；開花期若日照不足會造成消苞或花色顯色不佳。定植長根後，可於盆面施用複合粒肥以利生長，粒肥不可灑於葉片易導致肥傷。

球拍鳳梨的紫色花瓣有淡淡香氣，近聞才能發現。

弟弟是踢球
Tillandsia didisticha

profile
高　　度 / 10～25cm
花　　期 / 春季
日照需求 / ★★★★
水分需求 / ★★
困難度 / ★★

 型態簡介

原產自玻利維亞及巴西等地。葉色灰綠，單葉叢生在短縮莖上。花期抽出複狀花序，開出白色的筒狀小花，生長緩慢，不易增生側芽。

 栽培技巧

繁殖緩慢的因素造成較不普及，但栽培並不困難。喜好明亮光照的環境，一般栽植於遮光罩環境，因光度不足，葉片色澤暗沉；但夏季仍需遮陰，避免曬傷。可吊掛或板植方式栽植。盆植時植株勿埋入介質內，以平放即可。株型越大抽出的苞片量會越多。

T. didisticha 'Giant'

T. didisticha 的乳白色花朵。

143

赤兔花
Tillandsia edithae

profile

高　　度 /	20cm
花　　期 /	春季
日照需求 /	★★★
水分需求 /	★★
困 難 度 /	★★★

 型態簡介

原產自玻利維亞，為長莖型的品種。葉色銀白，
狹長的三角型單葉著生於莖節上，呈垂吊狀生長。
花期不定，視栽培環境及植株狀況，有時許多年
才開花一次，也是空氣鳳梨中少見的紅花原種。

栽培技巧

喜好光線充足環境，光線不足時生長遲緩。因為
生長緩慢，繁殖力低等因素，赤兔花常處在缺貨
的狀態。基部的老莖上也能增生側芽，但生長速
度相較於葉腋間的側芽緩慢；建議吊掛栽培。

等待數年才來一次的花莖。

吊掛栽培的赤兔花。

赤兔花豔麗無儔的花序

綠薄紗
Tillandsia geminiflora

profile
高　　度 / 10cm
花　　期 / 春季
日照需求 / ★★
水分需求 / ★★★
困難度 / ★★★

以綠薄紗嬌小的體型來說，
抽出的花序算是很大。

🌱 型態簡介

原產自巴西、蘇里南、巴拉圭、烏拉圭和阿根廷等地，也為
廣泛分佈種。分佈在海拔 2,000 公尺以下地區，分布廣泛，
是少數會生長在環境較潮濕的原種，其他如鹽沼、草原、耕
地、路側、海岸等地皆有其踪跡。莖短縮不明顯，葉質地較
柔軟，外觀和「薄紗」相似，但銀白色的毛狀體較不明顯。

🌱 栽培技巧

生長慢，花後側芽增生的數量也較少。葉質地柔軟，且銀白
色的毛體較不明顯。本種較不耐烈日曝曬，適合栽培在半遮
陰或明亮環境處。在夏季，要保持通風，如不當處在較為悶
熱環境時，葉心又有積水，易發生爛心。

左：休士頓；右：棉花糖

休士頓

Tillandsia 'Houston'
(*T. stricta* × *T. recurvifolia*)

美豔的休士頓花序。

profile

寬　　度 / 25cm
花　　期 / 冬季
日照需求 / ★★★
水分需求 / ★★★
困難度 / ★

 型態簡介

與棉花糖一樣，以多國花為母本的人工雜交選育品種。臺灣花市稱為「休士頓」，係以品種名 'Huston' 音譯而來。外觀與棉花糖相似，除株型、花序都更加大型。休士頓於農曆年前後開花，花色更加鮮豔。葉表密覆銀白色毛狀體，在光線照耀下如鍍了銀一般熠熠生輝。未開花也有機會紛生許多側芽。

栽培技巧

栽植容易、觀賞性極高的品種。生長速度快，外型雖與棉花糖相似，栽培上也不困難，且更耐潮濕。如栽培環境光線較不足，休士頓會較適合栽培。冬季葉片會因為日夜溫差較大的緣故，轉為紫色。

低溫刺激下，休士頓紛紛抽花。

黃水晶
Tillandsia ixioides

profile

寬　　度 /	20cm
花　　期 /	秋季
日照需求 /	★★★
水分需求 /	★★
困難度 /	★★★

 型態簡介

原產自南美洲，是空氣鳳梨中少見具有明亮鵝黃色花的原種。

栽培技巧

頗為耐旱，缺水時葉面會捲曲凹陷；可增加澆水頻率即可恢復。台灣栽植黃水晶不宜淋雨，夏季多雨時可能導致葉表上的毛狀體大量脫落；嚴重者葉緣焦枯甚至全株腐爛。分株後約 2 年時間栽植會開花。建議以板植或平放，置於透氣的網子上栽植。

空的小陶盆也可放置黃水晶。

雖然生長緩慢，但等待是值得的。

香花款黃水晶體型較小，
有濃郁的水仙香氣。

賈里斯克

Tillandsia jalisco-monticola

profile

大　　小 /	高 80cm
	寬 80 ～ 100cm
花　　期 /	夏季
日照需求 /	★★★
水分需求 /	★★★
困 難 度 /	★

型態簡介

墨西哥 Jalisco 州的特有種，常見生在海拔 1,000 公尺以下的地區，種名 *jaliisco-monticola* 也以其原生地命名，種名原意為生長在 Jalisco 州山上的意思。外觀與 *T. fasciculata* 十分相似為大型種，花序異常肥厚巨大，花期有時長達一年之久，在原生地紫色的花能吸引蜂鳥為其授粉。

栽培技巧

對光線的適應性較廣，可在全日照下栽培生長，光照不足較低光源環境的適應力也佳。根系生長旺盛，也可板植栽培，但建議盆植為佳。生長快速，在通風且開放的環境下，即使淋雨也無所謂。

未盆植的狀態下，花苞還是相當有份量。

冬天時葉色轉紅。

藍花菘蘿
Tillandsia mallemontii

profile

高　　度	15cm
花　　期	春季
日照需求	★★★
水分需求	★★★
困 難 度	★★

型態簡介

原產自巴西。葉質地柔軟細長，葉面的銀白色毛狀體分佈明顯，易生側芽，常見呈叢生狀生長。因外觀與菘蘿相似，莖較短但株型略大一些，加上花色藍，臺灣花市俗名以藍花菘蘿稱之。花期於莖末端葉腋開花，藍色單花，氣味濃郁、香甜。常見於春季開花，秋季亦有零星的花朵綻放。

栽培技巧

環境合宜時生長迅速。喜好通風、光線明亮環境，建議板植或吊掛栽培，充足的日照環境，有利於開花。可以於生長期間穩定的給水有助於生長。

雖然大家叫它「藍花菘蘿」，但跟菘蘿鳳梨（*T. usneoides*）是兩個完全不同的原種。

藍花菘蘿秀氣的小香花。

日本第一

Tillandsia neglecta

profile

高　度 /	15cm
花　期 /	春季
日照需求 /	★★★★
水分需求 /	★★★
困難度 /	★★

大型種開花。

🌿 型態簡介

原產自巴西，分佈在海岸礁岩上，常見叢生狀生長。外觀與阿珠伊相似，葉片有特殊青銅色光澤感，葉形短，質地也較為堅硬。臺灣花市俗名「日本第一」，據說是本種在日本是空氣鳳梨排名曾有銷售第一名的記錄而來，但詳情已不可考。

🌱 栽培技巧

經由冬天的低溫刺激後，可於早春開花。建議以吊掛或板植培養。日照微弱的環境下生長會停滯；強光有助於開花也有利於側芽生長外，還能增加側芽產生的數量。叢生至極盛的「日本第一」，建議應分株成小叢狀為宜；過大叢時植群心部位會因為接受不到日照而漸漸乾枯。

叢生的小型「日本第一」。

上：小型品種；
下：大型種。

小型種的花序。

萊恩巴萊

Tillandsia reichenbachii

profile

寬　　度 / 30cm

花　　期 / 春季

日照需求 / ★★★

水分需求 / ★★★

困 難 度 / ★★

「萊恩巴萊」的
紫色香花。

 型態簡介

原產自玻利維亞及阿根廷西北部
地區，常見分佈在海拔 200～
2,000 公尺地區，臺灣花市俗名以
種名音譯而來。外觀與「樹猴」、
「迷你樹猴」相似，在臺灣被稱
為樹猴三兄弟之一，葉片質地較
柔軟，葉中段有摺痕。花型與樹
猴比較時，相對於大型，花序的
苞片較集中在花梗的末端，而樹
猴苞片的間距較分散；藍紫色的
花有香氣。

栽培技巧

生性強健，栽培容易，栽培環境
與「樹猴」及「迷你樹猴」類似，
以吊掛栽培為宜。

鬚狀的葉片雖然不能抓物，
但還有根群可以固定植株。

羅蘭

Tillandsia roland-gosselinii

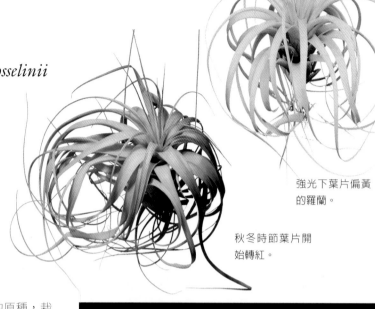

強光下葉片偏黃
的羅蘭。

秋冬時節葉片開
始轉紅。

profile

寬　度 /	40cm
花　期 /	春季
日照需求 /	★★★
水分需求 /	★★★
困難度 /	★★

 型態簡介

墨西哥的特有種，為大型的原種，栽培得宜時，葉幅可達 40 公分以上。狹長的三角型葉，輪生在短縮不明顯的莖節上，葉質地厚實，有塑膠的質感；具曲度葉姿，外型飄逸優雅。花期自心部抽出大型的複軸狀花序，苞片略帶橙色。臺灣花市俗名「羅蘭」是以種名 *roland-gosselinii* 的前段字根音譯而來。

 栽培技巧

就外觀來看，綠色塑膠感的葉片，也沒有明顯的毛狀體覆蓋，會以為「羅蘭」不耐強光，但其實羅蘭的葉片質地厚實，可栽植在西曬或東曬的陽臺環境下。盆植有利於株型壯碩與茂密，夏季強光下，葉色呈黃綠色；冬日夜溫差較大時，部分葉面會轉成紅色。耐乾旱；葉鞘儲存水分，以適應乾旱的環境或季節。

羅蘭霸氣的花序。

T. streptocarpa
濃密的絨毛外衣。

紫色的三瓣香花。

迷你樹猴

Tillandsia streptocarpa

profile

高　　度 / 20cm	
花　　期 / 春季	
日照需求 / ★★★	
水分需求 / ★★★	
困難度 / ★	

 型態簡介

為樹猴三兄弟之一，廣泛分佈在南美洲，原產自玻利維亞、秘魯、阿根廷、巴拉圭和巴西等地，外觀與「樹猴」相似，幼株時兩者極易混淆。臺灣花市稱為「迷你樹猴」。成株時株高在 20 ～ 30 公分之間，葉序緊密，葉片的間距較「樹猴」更緊密，表面覆蓋濃密的毛狀體。花相對大型，藍紫色的花具有香氣。

 栽培技巧

生性強健，栽培容易，根系較為發達，除吊掛外，建議亦可板植栽培。側芽自會從花梗側方的葉片間隙中冒出，如不易拆芽分株時，可先不拆，待一些老化的葉片代謝剝除之後，自然露出側芽的連接點時，再進行分株作業，也較不易傷到母株本體。

賽肯達
Tillandsia secunda

profile

寬　　度 / 50cm
花　　期 / 春季
日照需求 / ★★★★
水分需求 / ★★★
困難度 / ★★★★

 型態簡介

原產自厄瓜多爾，常見分佈在海拔 2,500 公尺地區。為大型軟葉系的品種，葉革質、色深綠。本種具長花序且壽命長，花後於花梗上會增生大量側芽，在原生地連同花序，株高有達到 4 公尺長的記錄。臺灣花市俗名「塞肯達」，是以種名 *secunda* 音譯而來。不常開花，需栽培多年後才會開花。

栽培技巧

雖為軟葉型的原種，且葉片柔軟深綠，以為它容易曬傷，但事實上「塞肯達」可栽培在全日照的環境下；但夏季仍需適度遮陰。強光下栽培生長快速，株型健壯，葉色帶有紫紅色調；弱光下、葉色較綠。盆植為宜，花後花梗上增生小芽，待芽體茁壯後，再行分株繁殖。

強光下葉片出現紫色斑點。

盆植的賽肯達。

賽肯達的花梗及花梗芽。

彗星
Tillandsia straminea

profile

高　　度	40cm
花　　期	春季
日照需求	★★★★
水分需求	★★★
困難度	★★★

 型態簡介

原產自秘魯、厄瓜多爾等地，生長在乾旱沙漠等地區，常見著生在仙人掌與荒漠的枝幹上。為中大型、長莖型的原種，葉質地薄且柔軟，葉色銀白。外觀像是長莖型的「薄紗」，但下位向下包覆。具長花序、花色藍，略具香氣但不常開花，需時數年才開一次花。

栽培技巧

根系較不發達，常見以吊掛方式栽植。性耐強光，光照不夠充足下位葉逐漸乾枯；移至強光下可改善。單株栽植時株型較小，但如叢生栽培，在第三代以後株型會變的更加的巨大，株高可達 90 公分左右。

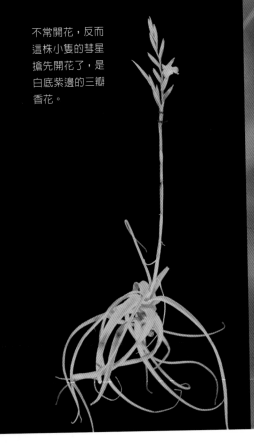

不常開花，反而這株小隻的彗星搶先開花了，是白底紫邊的三瓣香花。

拖曳著長長尾巴的彗星。

白劍

Tillandsia xiphioides

profile
高　　度 / 10～15cm
花　　期 / 夏季
日照需求 / ★★★★
水分需求 / ★★★
困難度 / ★★

T. xiphioides 是值得挑戰且讓人愛不釋手的小品。左：多毛的型態，生長較快；右：光滑的型態，生育極度緩慢。

 型態簡介

原產自玻利維亞、巴西、巴拉圭、烏拉圭及阿根廷等地。常見分佈在海拔 500～2,500 公尺地區。種名 *xiphioides* 源自希臘文，字根 xiphi- 原意為劍的意思；oides- 則為相似的意思。葉色潔白的小型種。種名即形容它的葉型姿態像劍。花色白、大型；具有芸香植物的香氣。

 栽培技巧

栽培並不困難，但本種生長緩慢，日照不足時生長停頓。建議以吊掛或板植，讓根群得以附著方式栽培。多毛型態的品種生長較快；光滑無毛的型態，生長極度緩慢。

T. xiphioides 素雅馨香的白色花朵，花瓣還有蕾絲滾邊。

小精靈 × 費西

T. × nidus
(*T. ionantha × T. fasciculata*)

profile
高　　度 / 25cm
花　　期 / 春季
日照需求 / ★★★★
水分需求 / ★★★
困 難 度 / ★★

 型態簡介

多數的空鳳雜交種都是人為育種的，但
T. × nidus 例外，為自然雜交種。

栽培技巧

適合吊掛栽植，日照較小精靈強一些。
開花時，葉心中央粗厚苞片會形成短花
序，並開放紫色的筒狀花。

著生在樹上的 *T. × nidus*。

在充足的日照下，*T. × nidus*
才有美豔的色調及花序。

創世

T. 'Creation'
(T. platyhachis × T. cyanea)

profile

寬　　度 /	70cm
花　　期 /	秋季
日照需求 /	★★★
水分需求 /	★★★
困 難 度 /	★★

 型態簡介

為大型的人工雜交品種。臺灣花市俗名「創世」以其品種名 Creation 意譯而來。扁平狀的花序及花色與其親本「球拍」鳳梨相似，但創世為複穗狀紫紅色的花序。

 栽培技巧

宜植盆，生長速度較「球拍」慢，有時栽種多年也不見其開花。日照充足有助於生長，待植株夠健壯累積足夠的養份之後，「創世」能開放出令人驚艷的花序。日照充足下栽植的母株，於花後也有助於大量側芽的增生。

花序由許多的球拍狀苞片組成。

創世的植株比球拍還要大上許多。

161

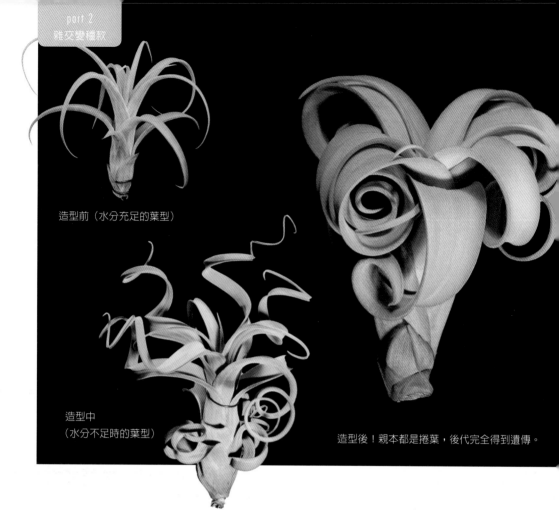

造型前（水分充足的葉型）

造型中
（水分不足時的葉型）

造型後！親本都是捲葉，後代完全得到遺傳。

花中花 × 電捲燙

T. 'Curly Slim'
(*T. intermedia* × *T. streptophylla*)

profile

高　　度 /	20cm
花　　期 /	春季
日照需求 /	★★★
水分需求 /	★★★
困 難 度 /	★★

 型態簡介

為人工雜交品種，外型兼具了親本「花中花」
與「電捲燙」的特性，外觀就像長筒狀的「電
捲燙」；長筒狀株型則是受「花中花」親緣的
影響。葉片在水份不足時，會向內捲曲。

栽培技巧

與大部分捲葉型品種相同，水分充足時，葉片
伸直；缺水時則捲曲。適合栽培於明亮處，但
不宜接受直接日照，易發生曬傷。過度缺水除
葉片捲曲之外，葉肉組織變較為單薄，嚴重時
整體生長停滯。雖然捲葉造型美觀，但適度的
給水，可以維持生長及正常的代謝。

樹猴 × 薄紗

T. 'Don Malarkey'
(*T. duratii* × *T. gardneri*)

profile

高　度 /	30cm
花　期 /	春季
日照需求 /	★★★
水分需求 /	★★★
困難度 /	★★

 型態簡介

樹猴 x 薄紗的雜交品種，常見 2～3 種不同的型態，具備「樹猴」親緣的雜交種，在外型上相當獨特，值得收藏。

栽培技巧

親本「樹猴」是適應性極強的原種，以它為親本雜育出來的後代，一樣具備了這樣的適應能力，在住家通風處栽植的失敗率相對很低。建議以吊掛栽植，能呈現其獨特的美感，每一株都是絕美的藝術品。

這個雜交品種開花不困難，但只有苞片，花朵似乎已經退化。

兼具「樹猴」的線條與「薄紗」的柔美，外型相當獨特。

艾德蒙 粗皮×貝可利

T. 'Edmond'

(*T. schatzlii* × *T. brachycaulos*)

profile

高　　度 / 15cm
花　　期 / 春季
日照需求 / ★★★
水分需求 / ★★★
困 難 度 / ★

🌱 型態簡介

臺灣花市俗稱為「艾德蒙」，係以栽培種名 'Edmond' 音譯而來。母本「粗皮」栽種較為困難，雜交育種後帶有父本「貝可利」的親緣，栽培管理較為容易。只要環境合宜，全年都可以保有美麗泛紅的葉色，雖體型不大，但極富觀賞價值。

🌿 栽培技巧

本種適應性佳，建議可吊掛栽培，環境以環境通風、光線明亮處為宜。

即使在夏天，
艾德蒙的葉心
還是泛紅。

紫色棒狀花。

開花時紅撲撲
的艾德蒙。

T. 'Majestic' 雪白的外衣，
植株與花色形成強烈對比。

與香檳相似的開花方式。

盆植可讓 T. 'Majestic' 長的較快。

香檳×空可樂

T. 'Majestic'

(*T. chiapensis* × *T. concolor*)

profile

寬 度 / 30cm
花 期 / 春季
日照需求 / ★★★★
水分需求 / ★★★
困 難 度 / ★★

 型態簡介

外觀雪白，株型兼具兩者親本，但開花方式接近香
檳，複穗狀的花序由鮮紅色苞片組成，艷麗的花序
與銀白色的葉呈現強烈的對比十分美觀。

栽培技巧

建議以盆植栽培，可以促進生長，本種耐強光。

電捲燙 × 空可樂

T. 'Redy'
(*T. streptophylla* × *T. concolor*)

profile

寬　　度 /	20cm
花　　期 /	春季
日照需求 /	★★★
水分需求 /	★★★
困難度 /	★★

🌿 型態簡介

以空可樂為親本的雜交品種通常會在葉緣勾勒一條紅邊，秋冬時節色調更為明顯。

🌱 栽培技巧

建議盆植栽培，盆植葉幅的表現，比吊掛栽培的葉幅更寬。散射光照的陽台亦可栽植，但葉色較為黯淡；強光下也能適應良好，但夏季 7～9 月需略遮陰，注意直射的夏季陽光造成曬傷。

夏天時葉色較不鮮艷，但葉心處還是有些紅色條紋。

冬季葉色較亮麗，葉緣有明顯的亮紅色勾邊。

伊莎貝爾
雞毛撢子 × 粗糠

T. 'Sweet Isabel'
(*T. tectorum* × *T. paleace*)

profile
高　度 / 15cm
花　期 / 春、秋季
日照需求 / ★★★★★
水分需求 / ★★
困難度 / ★★

型態簡介

人工雜交種，親本都是極耐強光的原種，後代外型較接近母本「雞毛撢子」，但保有「粗糠」易生側芽及叢生的特性，因此本雜交種常呈現叢生狀的外型。

栽培技巧

只要放置強光處，這個品種不需要太多的照顧就能活得很好。許多品種在養成一球後，會因為內部不通風造成其中幾處爛掉，甚至整叢解體。但 *T.* 'Sweet Isabel' 的結構很紮實，養到怎麼大球都能完整維繫住每一株而不解體，吊掛的線材需足夠牢靠，避免掉落。

通常不會全部的芽體一起抽花，一季只開個幾朵。

T. 'Sweet Isabel' 強光下很容易叢生。

粉紫色的花朵。

167

維多利亞
小精靈×貝可利

T. 'Victoria'
(*T. ionantha* × *T. brachycaulos*)

profile

高　　度 /	20cm
花　　期 /	春季
日照需求 /	★★★
水分需求 /	★★★
困難度 /	★★

爭奇鬥豔的開花方式十分壯觀，
為紫色棒狀花。

 型態簡介

常見的人工雜交品種。外觀與母本「小精靈」十分類似，但葉型受父本「貝可利」親緣影響，葉形較長，兼具了父母本的優點，生長適應性佳。臺灣花市稱「維多利亞」，係以其品種名 Victoria 音譯而來。

栽培技巧

生長快速，易生側芽，且側芽量多。臺灣南部地區的氣候條件，栽培容易養成一大叢。臺灣北部地區生長較慢，叢生狀的姿態也較南部的小叢一些。栽培要領與小精靈類似，越是日照充足，花期葉片轉色就越明顯。太大叢時應剔除枯老的葉片，避免內部不通風而滋生病害。

夏天維多利亞呈現全綠。

秋冬時節葉片開始轉紅。

春季時綻放的
紅色苞片與紫
色花朵。

批覆了絨毛狀結構的葉表。
感謝喬登園藝提供植株

紫羅蘭 × 樹猴

T. aeranthos × T. duratii

profile

高　　度 /	20cm
花　　期 /	春季
日照需求 /	★★★★
水分需求 /	★★★
困難度 /	★★

 型態簡介

中型人工雜交品種，外型和花序似放大版的紫羅蘭，銀白色的外觀與樹猴相似，葉表滿覆濃密的毛狀體。

型態簡介 栽培技巧

根系較不發達，適合吊掛方式栽培。充足的日照下，有利於栽培出壯碩的植株，雖然承襲了樹猴親緣特性，較為耐旱與耐強光，但如果栽培環境日照較為強烈，宜搭配較頻繁的澆水有利於正常的生長。

吊掛栽植多年後的多芽植株。
感謝喬登園藝提供植株

貝可利 × 琥珀
T. brachycaulos × T. schiedeana

profile
寬　　度 / 20cm
花　　期 / 春、秋季
日照需求 / ★★★
水分需求 / ★★★
困 難 度 / ★

型態簡介

這個雜交品系標準的表現出母本「貝可利」的特性，葉片會轉紅；兼具父本「琥珀」的開花特色，為黃色筒狀花。葉型呈特殊的漩渦狀排列，其生長習性也繼承了親本的生長優勢，速度快、適應力強。幾乎每年開花。

栽培技巧

強健、栽培容易、生長迅速、適應性廣、易生側芽，很適合急躁、迫不急待，想要看見空鳳成長的朋友。花後側芽數量多，待芽體健壯後，可分株繁殖。日照充足除有助於生長之外；也有利於花期葉片的轉色。

葉片呈特殊的漩渦狀排列。

與琥珀的花色相同，且花朵數量更多。

華麗的開花方式。

巨大的花序，就像是巨
人族裡養出來的噴泉。

擁有「噴泉」的外貌、
「霸王鳳」的體型。

噴泉 × 霸王鳳
T. exserta × T. xerographica

profile
高　　度 / 70cm
花　　期 / 春季
日照需求 / ★★★★
水分需求 / ★★
困 難 度 / ★★

 型態簡介

本品系並未有正式的品種名，外型兼具親本
的特色，外觀較接近「噴泉」，但株型卻有
「霸王」的影子，為卓越的人工雜交品種。

栽培技巧

性耐強光，建議以盆植及吊掛方式栽培。開
花性良好，苞片比「噴泉」更豔麗。花梗約
80 公分，呈現霸氣十足的樣貌。

刺蝟 × 電捲燙

T. utriculata ssp. *pringlei* ×
T. streptophylla

profile
高　　度 / 50cm
花　　期 / 春季
日照需求 / ★★★
水分需求 / ★★★★
困 難 度 / ★★

型態簡介

中型人工雜交品種，由台灣「喬登園藝」雜交
育種而成。植株基部如電捲燙，葉基部抱合而
成「壺狀造型」，葉片較為柔軟。複總狀花序
與親本刺蝟相似，為白色棒狀花。

栽培技巧

根系攀附力強，可以著生於物體上做板植栽
培。夏季直接曝曬可能導致曬傷，於冬季寒流
時保持植株乾燥可以避免凍傷的機率。實生苗
播種至成株開花約需 7 年時間。

與母本相近的白色柱狀花。
感謝喬登園藝提供植株

實生 7 年的植株頗大，花序也非常壯觀。
感謝喬登園藝提供植株

狄佩娜
Tillandsia deppeana

profile

寬　　度 /	70cm	
花　　期 /	春季	
日照需求 /	★★★	
水分需求 /	★★★	
困 難 度 /	★★★★	

T. deppeana 的複穗狀花序,與一些鶯哥屬的積水型鳳梨花序也十分相似。

型態簡介

為墨西哥的特有種,綠葉型的空氣鳳梨,外觀與鶯歌屬 (*Vriesea*) 或擎天鳳梨屬 (*Guzmania*) 的積水型鳳梨相似。

栽培技巧

T. deppeana 是綠葉原種中為較容易栽植的原種,有幾類綠葉型的品系,在栽培上都有共通之處—就是怕悶熱。夏秋之際的 9 月份,常因葉鞘積蓄大量的水分,又因初秋驟然的近 40°C的高溫,葉片會發生嚴重的熱損壞。建議盆植為宜,不耐烈日,臺灣北部地區栽種成功機會較南部高。

末植盆的 *T. deppeana*,植株較瘦弱,花苞也稀稀落落。

定植後的 *T. deppeana* 苞片飽滿。

T. huarazensis 奇異的葉色與隨意捲曲的葉型，不算華麗，卻有一種原始的獨特魅力。

瓦拉斯
Tillandsia huarazensis

profile
寬　　度 / 20cm
花　　期 / 夏季
日照需求 / ★★★
水分需求 / ★★
困 難 度 / ★★★★★

 型態簡介

原產自秘魯等地區。莖短縮不明顯，葉輻較寬，長三角形葉會向葉背反捲，葉質地堅硬，葉色帶有透明的光澤感。入手難，為可遇不可求的原種。

 栽培技巧

困難度很高，不宜淋雨，夏天悶熱時容易爛心，需留意蝸牛和蛞蝓造成的危害。7～9月死亡率頗高。

花序和花色與大部分空鳳差異大，栽培困難度極高。

開花的河豚

河豚
Tillandsia ehlersiana

profile

高　度	/	50cm
花　期	/	春季
日照需求	/	★★★★
水分需求	/	★★★
困難度	/	★★

型態簡介

原產自墨西哥，常見生長在海拔 700 公尺地區。為空氣鳳梨屬中少數列在多肉植物的原種。葉鞘基部抱合成壺型，銀白色的植株外觀令人印象深刻。在強光下葉色會泛紫。

栽培技巧

「河豚」生性強健，易栽好養，但生長緩慢。在台灣的氣候環境，小苗栽植到成株開花需要 8～10 年之久。可以吊掛、盆植等方式栽培。雖盆植生長速度較快，但有爛心的風險。未開花的植株也會自基部產生小芽，建議應拆除小芽，有利於母株生長及茁壯。

拆芽後不受側芽壓迫，
體態較挺拔。

格蘭帝斯
Tillandsia grandis

profile

寬　　度 /	170cm
日照需求 /	★★★
水分需求 /	★★
困難度 /	★★

 型態簡介

原產自墨西哥、瓜地馬拉及宏都拉斯等地。為綠葉型的大型種，植株外觀充滿原始荒野的氣勢，為少數地生型的 Tillandsia 物種。

栽培技巧

建議以盆植栽培，不植盆也可以，但生長更加緩慢。半日照環境下，台灣中北部幾乎不開花。適應力強，鮮少病蟲害。冬天低溫時，葉末端會浮現紫色彩斑。

秋冬時葉端的紫色彩斑。
※ 這株推測是野採的植株，2009 年從國外進口購買，14 個月只長 6 片葉子，生長速度緩慢，是筆者目前栽種單株最大的空氣鳳梨。

T. grandis 複穗狀的花序狀似燭台。（植株提供：方宏晉）

輕易都能超過 1 公尺直徑。

厚實的苞片與特殊的白色花朵。
（植株提供：方宏晉）

斑馬
Tillandsia hildae

profile

大　小 / 高 30～50
　　　　寬 100cm
日照需求 / ★★★
水分需求 / ★★★
困難度 / ★

型態簡介

原產自秘魯等地區。與河豚一樣是空氣鳳梨屬中少數列在多肉植物的一員。莖短縮不明顯，長形的劍形葉，著生在莖節上，最大的特色在葉片，葉背具有黑白相間的橫帶狀斑紋，狀似斑馬紋；也因此在臺灣花市俗稱為「斑馬」。

栽培技巧

「斑馬」生性強健，栽植容易，對光線的適應性佳，可強光、可弱光、耐潮濕、抗乾旱。全日照下葉片寬闊而堅挺。弱光下葉片細長而柔軟。可露天淋雨，也能忍受長時間不澆水。唯生長較為緩慢，建議盆植為宜。臺灣嘉義以南地區栽植，開花機率較高；北部地區幾乎不見抽花，繁殖不易。

全日照下的「斑馬」葉片偏黃，雨季時容易發根。

「斑馬」在北部地區有較鮮明的黑白對比。

「斑馬」的花序

莫氏鳳梨,
莫里狄氏鳳梨,莫里

Tillandsia mauryana

罕見的綠色花朵。

莫氏通常在春季開花。

profile

寬　　度 / 10cm
花　　期 / 夏季
日照需求 / ★★★
水分需求 / ★★
困難度 / ★★★★

※*Tillandsia mauryana* 為列入華盛頓公約附錄二的保育物種。

 型態簡介

原產自墨西哥等地。分佈在海拔 1,500 ～ 2,700 公尺，常見著生在石灰岩山區的岩壁。為莖短縮不明顯的中小型原種，灰白色的線形葉，呈放射狀著生在短莖上。春季自心部抽出花序，花梗不長，紅色的苞片與綠色的筒狀花，對比鮮明。

 栽培技巧

花市流通的莫氏鳳梨都源自栽培場繁殖。原生於高海拔地區的高原種，在台灣栽培時，不難遇見栽培上的窘況，一來鳳梨需要強光，環境卻又不能悶熱，但多數日照充足的地方，通常伴隨著悶熱。所幸經由人工繁殖及馴化的結果，栽培種較為強健，一般採光罩下不淋雨的地方，栽植成功率還是很高。

緊密裹覆的銀白色鱗片，暗示著它對光照的需求。

粗皮
Tillandsia schatzlii

profile
寬　　度 / 10cm
花　　期 / 夏季
日照需求 / ★★★
水分需求 / ★★
困難度 / ★★★★

粗皮的花序。

🌱 型態簡介

為墨西哥的特有種，莖短縮不明顯的中小型原種。葉片數不多，但葉質地厚實堅硬，沉甸甸的外觀，具有重量感。三角形葉較短，葉色潔白，葉片上具有鱷魚皮或犀牛皮等特殊的紋理與質感。臺灣花市俗名以「粗皮」稱之，形容其特殊的皮革狀葉片。

🌿 栽培技巧

生長緩慢，建議板植或盆植方式栽培。數年才開一次花。夏季的南部地區，應慎防直接曝曬，恐有曬傷之虞，嚴重者甚至全株枯死，夏季時應移置通風涼爽處。北部地區較為適宜栽種「粗皮」，一般的居家窗台，都能把粗皮栽植的健康肥美。

粗皮肥厚的葉片。
未開花株也可能生出側芽，但生長極度緩慢。

袖珍的體型卻能開出和
植株差不多大的花序。

斯普雷杰
Tillandsia sprengeliana

profile

高　　度 /	5cm
花　　期 /	春季
日照需求 /	★★★
水分需求 /	★★★
困 難 度 /	★★★

型態簡介

為巴西的特有種，僅局部分布在巴西 Espírito Santo and Rio de Janeiro 東海岸的森林中。受人為開墾而遭破壞，導致族群嚴重減少。曾一度列在華盛頓公約附錄 II（CITES II）瀕臨絕種的物種之中。為莖短縮不明顯的小型種，葉質地柔軟，包覆狀葉序，頂生的花序鮮紅美觀。

栽培技巧

「斯普雷杰」並不是個嬌生慣養難照顧的品種，喜好光線明亮及通風的環境，栽培管理與小精靈大同小異，只是生長速度緩慢，增生側芽的數量也極其有限，正因為繁殖不易，成為難得一見的珍品。

含苞和側芽的分生。

極為迷你的斯普雷杰，
有燒賣狀外觀，葉表覆
蓋著粒粒分明的鱗片。

雞毛撢子
Tillandsia tectorum

profile

寬　　度 /	20cm
花　　期 /	秋季
日照需求 /	★★★★★
水分需求 /	★
困 難 度 /	★★★★★

 型態簡介

原產自秘魯及厄瓜多爾等地，主要產自南美安地斯山脈，乾燥的高原砂地環境。與莫氏鳳梨一樣產自高海拔地區，為莖短縮不明顯的中大型原種，線形葉上著生濃密絨毛狀的附屬物，用來抵禦熾烈高原上的紫外線。

栽培技巧

栽植時需注意兩個環境條件，強光和乾燥，能同時滿足時，就能把它養好、養美。建議 3～4 週給水一次即可。東向或西向的陽台、窗台，能直接日曬的環境就可以栽種，避免放置易受雨水滴落處；若栽種在日照微弱處，葉片上絨毛狀附屬物則會大量脫落。

穿著羽絨外套的雞毛撢子

長莖型態的雞毛撢子。

紫白色漸層管狀花。

野性的美感只有親眼見到它，
您才能感受到。

黑屁屁
Tillandsia zacapanensis

profile

寬　　度 / 50cm
花　　期 / 春季
日照需求 / ★★★★
水分需求 / ★★
困難度 / ★★

 型態簡介

原產自瓜地馬拉，早年在分類上未能確立，近年才
正名成為新的一種。葉色略帶有粉紅色質地，兼具
霸王鳳的外觀和香檳絨布般的質感。常被拿來與霸
王鳳做比較，但不論是質地和開花，兩者完全不同。

 栽培技巧

生長緩慢，建議盆植或吊掛栽培為宜，喜好較為乾
燥的環境。

3

空氣鳳梨
立體佈置組合

利用網片、網格掛籃，將蒐集的空鳳品
種吊掛佈置在牆面上，非常節省空間，
還可以依日照強度彈性調整植株位置。

小清新
空鳳牆

Greenery
Wall

{ 栽培場所 }
半日照的小露台

{ 環境描述 }
面西的小露台，半日照，遮雨

圖片提供：FB 小啾之多肉植物記事

只需要陽光、空氣、水的空氣鳳梨是非常神奇的植物。有著各種型態的空氣鳳梨讓人忍不住想蒐藏…

小啾是一個多肉植物迷也是空鳳迷，在種植過程中被植物們療癒了！忙碌的生活中，有植物們的陪伴，更能靜下來思考及放慢生活的步調。甚至植物們能啟發創意來源；為了多肉及空鳳們手作佈置一個屬於自己的放鬆空間。

雖說空氣鳳梨大致好養好顧，但其實還是存在個別需求差異。我會鑽研各式各樣空鳳植物的習性；從日照、澆水的頻率；在簡單的動作中去調整每一款空鳳的需求。空鳳們即會很神奇的開花及長成側芽來回報給愛護它們的主人；就這樣得到成就感。

小啾跟植物們共生著；植物們開啟小啾很多人生的際遇，是一場神奇之旅。

利用鋁線製作空鳳熱氣球，有飛起來的可愛感。

背板是利用回收鐵罐蓋親手
做空鳳的家。（回收再利用
是小啾愛做的事）

空鳳開花時會整株變紅（婚姻色），與盆器顏
色形成搶眼的對比。等開完花就會長側芽。

作品設計：Elaine's 手作 & 多肉植物

一串串松蘿套在倒
過來的素燒盆中成
群養成。

自製的陶器淑女帽，特地留下
空間可以放入空氣鳳梨，吊掛
欣賞很有悠閒度假的氣氛。

養空鳳的樂趣之一
是挑選喜歡的盆器
給牠們住，有的可
愛、有的優雅。

打造
空鳳樓房

Relaxing
Space

{ 栽培場所 }
鐵窗

{ 環境描述 }
座南朝北，半西曬

圖片提供：www.instagram.com/jhangtingyi

起初窗台上只有養 4 株空氣鳳梨和幾株蕨類植物，但因為窗台上可以掛放的位置太少，再加上想提升美觀性，所以自行運用木板，手作釘製一座格柵，除了可供吊掛、也有平面擺放的空間，同時也兼具半遮西曬的作用。但後期深深被空氣鳳梨多變型態吸引，以致於越養越多，成為主力植物。其他像是鹿角蕨等日照需求接近的植物，則配置在旁邊。

空氣鳳梨的固定方式有鋁線掛勾、造型鐵架、帶樹皮的木塊底座，以及潔淨的陶瓷器皿，讓每一株空鳳都能精神抖擻的直立，為整體注入輕鬆愜意的休閒氛圍。

利用造型架或鋁線吊掛方式創造
空間亮點。木塊、木頭圓片的運
用，能散發輕鬆自然的氣息。

原木片堆與空鳳堆砌
形成空間的層次感。

摩艾造型器皿與空鳳的搭
配,增加書架的趣味。

木頭人的關節可以隨
意彎曲,做出抱著空
鳳的有趣動作。

利用濕度計幫忙測量濕度,
可以評估何時該幫空鳳澆
水,讓空鳳有最美的姿態。

將空鳳固定在漂流木
木框上面，也很對味，
再穿插一些懸掛的吊
籃，增加立體感。

199

童趣感
空鳳
森友會

Animal
Crossing

{ 栽培場所 }

五樓曬衣陽台

{ 環境描述 }

坐北朝南，通風有採光罩，
光線是全日大散光。

圖片提供：www.instagram.com/kitten_tillandsia

十年前逛花市就知道空氣鳳梨這種植物，當時只覺得看起來是一株乾巴巴的草。會踏入空鳳界的契機是，幾個月前看見朋友分享他的空氣鳳梨開花了，我才知道原來空鳳會開花、會長側芽小寶寶。此時的我正好被盆栽搞得心煩意亂，因為總是容易遇到蟲害；空鳳的出現讓我找回種植的信心，如同大家說的，只要「（充足的）陽光、（通風的）空氣、水」這三個條件，空鳳都能長得健康漂亮。

從入手第一株到現在才不過近三個月的時間，已經大膽購入了60株各種型態的空鳳。植物只要數多便是美，而我也費心找了好看的盆器和製作鋁線支架，還廢物利用摔壞的摩艾面紙盒當花園裡的主角擺設。平常熱愛蒐集扭蛋公仔，但它們只能擺在櫥窗展示有些可惜，於是我就將它們帶到花園做外拍，讓植物和公仔為彼此增添趣味。現在每天最期待去五樓陽台，待在那發呆賞鳳、替它們澆澆水，讓緊繃的生活得到療癒舒緩。

利用公仔浮誇的表情，設計有如外星球的逗趣情境。

這組公仔有互動感，就讓他們在空鳳堆裡玩捉迷藏吧！

角落處的摩艾其實是一個面紙盒，不小心摔裂了捨不得淘汰，靈機一動拿來佈置花園。

微醺的
空鳳畫框

Fascinating
Time

{ 栽培場所 }

半日照的小露台

{ 環境描述 }

面西的小露台，半日照，遮雨

圖片提供：微醺記憶 Carol

http://carolsmemory.pixnet.net/blog

著有《光合作用 Carol's 拍立得日記》

利用窗框、木框構築出基本造型，在框上面自由彈性的吊掛植物，只要稍稍調整植物位置，就有不同的視覺感。

剛開始陽台上只養多肉植物，因為它的品種多，形態都很可愛，越養越多。之後因為想增加陽台綠意，又加上陽台日照時間並不充足，所以開始研究與接觸空氣鳳梨和蕨類，葉子的線條、質地、顏色…等變化，都深深吸引著我！尤其養空鳳的日子一久，你會開始見識到他的生命力，由小長大、葉子變捲、變長、變茂盛（叢生），又或是歷經開花的驚奇，長側芽新生的喜悅…等等，這都是養殖、觀察植物的成就感與樂趣。

空鳳比較適合吊掛，有些體型比較大，裝飾性高，例如霸王鳳、旋風木柄鳳……等等，都很適合造景。而空氣鳳梨和漂流木很對味，用鋁線綁在漂流木上，吊掛或是擺飾！帶有禪意。有斑駁歲月感的窗框，掛上一株株色調偏灰白的品種，散發出幽幽的微醺感。

漂流木與空氣鳳梨可以說是絕配，不管是固定到漂流木上面，或者只是簡單擺放都很對味。

空氣鳳梨高低大小錯落，達到一個植
物共生的狀態，也能增加層次感。

古樸盎然的
陶盆
排排站！

Terracotta
Pot

盆植為栽培空氣鳳梨的基礎
栽植方法，陶盆透氣又帶有
古樸的味道，隨著時間還會
有自然的斑駁痕跡，與空氣
鳳梨的造型十分對味。

{ 空氣鳳梨 }

T. flabellata x T. brachycaulos
魯肉 T. novakii
T. ionantha x T. caput-medusae
電捲燙 T. streptophylla

{ 材料 }

椰塊
樹皮及三分石礫少許
三寸陶盆 1 個

1 將石礫與樹皮先混合後，置入陶盆內約 1/2 ～ 2/3 的量（視植株大小）。

2 置入植株，可將反捲的葉片，適量的整理至盆外。

3 可使用拇指與中指向下按壓介質，使介質能固定植株。

木盒空鳳
植出
鄉村風

Vintage
Box

利用帶有歐風或鄉村味道的木盒，

擺置上不同品種的空氣鳳梨，也能營造出角落裏的另類風情。

{ 空氣鳳梨 }　　　　　{ 材料 }

香檳 T. chiapensis　　　木盒

硬葉多國花 T. strcita 'Stiff'　卵石數顆

小精靈 T. ionantha　　　毬果 3 顆

1 放置固定用卵石，並將選定的香檳主角擺放位置，調整卵石固定基部，以不致晃動為原則。

2 在主角香檳前置入配角一硬葉多國花及小精靈。利用株型大小及葉型的差置，製作對比感。

3 填入毬果，引入自然的氣息，營造出秋季的動感。

盆植 × 瓷碗

瓷碗裏
的
愛鳳樂園

China
Paradise

可使用食器或碗型的白瓷花器做為基底，以泥塑的小房子、天然海星做妝點，讓盆植空氣鳳梨，也能趣味大增。

1

將發泡煉石放置白瓷花器內，約 2/3 處，做為固定介質使用。

2

使用同類型，壺形的空氣鳳梨做為佈置主題。以具有線條感的「大天堂」做為主角放置中後方。「女王頭」與「犀牛角」置右前方為配角，以不等邊三角型放置，營造出群落及層次感。

3

前方空白處置入「小精靈」，以不同形質空氣鳳梨營造質感與大小的對比感。

4

最後置入手做小屋、天然海星，營造出對家居與大自然的渴望。

{ 空氣鳳梨 }

大天堂 T. pseudo-baileyi
小精靈 T. ionantha
女王頭 T. caput-medusae
犀牛角 T. seleriana

{ 材料 }

白瓷碗型花器
手做小屋
天然海星
發泡煉石

盆植 × 木盒

1

先將發泡煉石與樹皮混合後，置入木桶內約 1/2；再將大型的「創世」置入。

2

於其基部加入適量的樹皮與煉石的混合性介質，輕輕的震動，以能牢固「創世」即可。

3

依各類大小不同的空氣鳳梨置入葉片間，以「創世」的葉片下半部，夾住固定即可。

{ 空氣鳳梨 }

創世 *T.* 'Creation'
犀牛角 *T. seleriana*
紅寶石 *T. andreana*
煙火鳳梨 *T. flabellata*
小精靈 *T. ionantha*

{ 材料 }

木桶
發泡煉石
樹皮

大鳳帶小鳳
空鳳
新樂園

Wooden
Bucket

大型的空氣鳳梨，僅以單植的方式，就能營造出獨有的存在感，成為花園角落的焦點。藉由葉片間的空隙，穿插培養其他小型空氣鳳梨，更好比一座熱鬧的空鳳樂園。

Tip

• 澆水時，每回應充分澆灌，澆灌程度至「創世」的葉片基部略有積水即可。
• 葉基處的積水可提高葉片間隙的濕度，營造出其他各類空氣鳳梨喜好的微環境。

盆植 × 竹籃

古樸的
空鳳
竹編提籃

Bamboo
Basket

充滿古樸感的竹編提籃，置入味道相合的流木、藤球、苔球，搭配數種中大型的空氣鳳梨，甚至加入幾顆時令水果，一大籃用於佈置或贈禮都很討喜又別緻。

{ 空氣鳳梨 }

索姆 *T. somnians*
貝可利 *T. brachycaulos*
紅三色 *T. juncefolia*
大天堂 *T. pseudo-baileyi*
小精靈 *T. ionantha*

{ 材料 }

竹編提籃
流木
藤球
山蘇花苔球

1
基礎背景的佈置先做：將流木置入竹籃內鋪底，利用流木拉出自然線線，再以藤球增加形狀變化。

2
將各類不同型質的空氣鳳梨以三角型佈置，疊出大小高低層次感。再加入線條狀葉型的空氣鳳梨及山蘇苔球，營造出對比的元素。

3
前方空缺處，填入精緻秀氣的小精靈，亦可以加入其他造型飾物。

盆植 × 木盆

古典風的
空鳳組合劇場

Classic
Style

選擇上寬下窄的木器，讓合植的空鳳能有優美的開散效果。空鳳擺飾的元素，以枯木為襯最是對味，刷白、略有高度的盆器，不論放在哪裡，都能讓人注意到它。

1 將發泡煉石與少許樹皮的混合物置入木盆中，約 2/3 的高度，於背景插入幾枝枯木，將主題營造出來。

2 置入葉型葉色對比差異較大的空鳳品種，安排出高低層次錯落。

3 利用白色珊瑚點綴於前景空白處，帶出自然的味道。

{ 空氣鳳梨 }

貝可利 × 空可樂 *T. brachycaulos* × *T. concolor*
紅三色 *T. juncefolia*
哈里斯 *T. harrisii*

{ 材料 }

枯木
木盆
發泡煉石
樹皮珊瑚

1

依造型鳥籠的大小，先製做兩個直徑 1 ～ 3 公分的小圓。可利用圓柱狀的器具，使用瓶蓋或馬克筆協助形塑出較完整的圓。

2

再依需求剪取 6 ～ 8 條，長約 30 ～ 40 公分不等的鋁線。粗細則依需求自行決定，但以 1.5 ～ 2 mm 的大小，初學時較易彎折。

3

將 6 或 8 條鋁線，分別固定在底部的圓形上。固定時位置宜均分在小圓上為佳。

4

再平均將 6 或 8 條鋁線，穿繞過另一個小圓，並於末端纏繞、固定，較長的幾股，可互相絞纏成為掛鈎或吊柄。

5

再將空鳳置入其中。可於上端小圓鋁線纏繞處，栽上少許菘蘿空鳳，除了遮住固定點外，還能增加鳥籠搖曳的動態感。

{ 空氣鳳梨 }

T. 'Feather Duster'

{ 材料 }

鋁線
尖嘴鉗

鋁線造型
鳥籠

Wire
Cage

利用簡易圓底編的起底方式，做出造型鳥籠，以吊掛的方式栽植合適的品種。隨著空鳳成長，漫出籠外的自然曲線，更能突顯出空鳳強韌的生命力。

翩翩飛舞的
空鳳花插

Flying &
Dancing

構想來自於花插，利用鋁線編製成有抓爪的花插，以便夾著空氣鳳梨底部，再以高低落差的插作方式，呈現翩翩飛舞的動感。盆內則可自由營造大地的景觀縮影。

{ 空氣鳳梨 }

小精靈 *T. ionantha*
卡比他他 *T. capitata*
多國花 *T. stricta*

{ 材料 }

鋁線 1.5～2 mm 共三段（約 50～60 公分）
尖嘴鉗
白瓷碗型花器
手做小屋
發泡煉石

1 取一段 2mm 鋁線或硬質鋁線 1.5mm（硬質鋁線可以細一點），約 50～60 公分長，以 1 圈大 1 圈小方式纏繞，製作出 5 個花瓣狀的造型後，將花瓣末端向中心部內折。

2 花瓣型的鋁線基座，可利用爪鑲的方式嵌住空氣鳳梨基部（亦可直接以纏繞基部方式固定植株）。

3 將製做出的空氣鳳梨花插，安排插入喜好的組合盆栽中。

一根鋁線
自成一株
空鳳立足圈

Wired
Airplant

鋁線吊掛為栽培空氣鳳梨最常用的方式之一，可充分利用空間以 3D 立體方式栽培。從最簡單的開始，直接做成一個與空氣鳳梨大小相當的鋁線小環，再把植株置入固定。

{ 空氣鳳梨 }

小精靈 *T. ionantha* 'Rosita'

{ 材料 }

鋁線 1.5 ～ 2 mm（約 30 ～ 45 公分）
尖嘴鉗

Tip

- 鋁線吊環下方，可以再加掛另一株空氣鳳梨，形成一串，充分運用立體空間。
- 大原則是上方的空氣鳳梨可放置銀葉系，需光性較多的品種；下方則以綠葉系，較耐蔭的品種為佳。

1 鋁線一端使用尖嘴鉗開始，以盤繞的技法，利用同心圓方式旋轉製做吊掛。

2 貼平桌面轉動鋁線，可以較為平整。視栽入的空氣鳳梨尺寸大小，製做的鋁線盤直徑 5 ～ 8 公分均可。

3 再以拇指向下按壓後，製做出倒錐形的鋁線環（狀似倒掛盤香狀），視置入的植株再行調整每圈鋁線的間距，以適宜植株放入為原則。

吊掛 × 貝殼

來自外星的
奇特水母

Alien-like
Jelly Fish

{ 空氣鳳梨 }

T. brachycaulos × concolor
雞毛撢子 *T. tectorum*
小精靈 *T. ionantha*

{ 材料 }

各類市售的海膽殼
鋁線

巧妙地利用海膽殼將空氣鳳梨倒掛垂吊，一隻一隻就彷彿是來自外星球的奇特水母生物，看了令人會心一笑。

Tip

在比例上，空氣鳳梨的品種及大小，應選擇與海膽殼的型質相襯者為宜。

1 取 1.1 ～ 1.5 mm 鋁線，於空氣鳳梨基部絞纏固定。

2 殼口朝下的方式，將鋁線直接穿過海膽殼，並使空氣鳳梨的基部，固定於海膽殼內，包覆住空氣鳳梨的基部即可。

吊掛 × 窗框

1

小片的木格窗下方位置,將大型種的空鳳以單株附植的方式固定;小型種的則以群落方式固定,位置可略偏左或偏右,再使用細鋁線將空氣鳳梨基部固定。

2

大片的木格窗,於一角及對稱的位置,利用形質與大小不同的空鳳群落,產生對比與相呼應的視覺,另可再以流木、毬果或花果種子做點綴。

{ 空氣鳳梨 }

哈里斯 *T. harrisii*
卡比他他 *T. capitata*
多國花 *T. stricta*
羅蘭 *T. roland-gosselinii*
香檳 *T. chiapensis*

{ 材料 }

木格窗 1 大片、2 小片
固定用鋁線
枯木及毬果等自然素材

古色古香的窗格鳳梨花

Vintage
Window Frame

利用市售的各類木格窗來附植空氣鳳梨,與木框的效果相似,但更多了的點文人的風雅,與磚牆、泥牆或古色古香的環境特別搭配。

枯木逢春
的板植
空鳳

Drift Wood
Deco

將空氣鳳梨定植在流木、樹皮或一塊有點腐朽的木片上，最能仿造出空氣鳳梨原生環境的氣息，並能觀察空氣鳳梨根系附著的刻苦能力。

{ 空氣鳳梨 }

噴泉 *T. exserta*
樹猴 *T. duratii*

{ 材料 }

栓木皮 1 塊
鑽孔用螺絲起子（或電鑽）
1 mm 鋁線 1 小段
水苔少許

1 在栓木皮上方穿孔，將鋁線穿過，做成要吊掛用的掛勾。

2 在栓木皮的 1/2 ～ 1/3 的位置，用螺絲起子鑽孔。如為質地較硬的木板或木片，可使用電鑽。然後將 1 mm 的鋁線對折，以倒 U 形的方式穿過栓木皮。

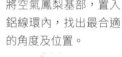

3 可在鋁線環下方放上少許水苔，並壓平備用。目的是提供局部濕潤環境，以利根系生長時能快速附著。
將空氣鳳梨基部，置入鋁線環內，找出最合適的角度及位置。

4 將栓木皮後方的鋁線末端，漸漸拉緊，並以兩股交互的方式，將鋁線絞緊以固定植株。

Tip

可放上少許菘蘿鳳梨，做為基部裝飾，使板植空鳳作品更為自然。

枯枝上
獨舞
小精靈

Dancing
Elf

利用在公園、林間撿到的樹枝，結合鋁線小創意，成品可做為桌飾或吊掛欣賞，給予空氣鳳梨一個展示生趣的舞台。

{ 空氣鳳梨 }

小精靈 *T. ionantha*
菘蘿少許

{ 材料 }

2-2.5 mm 鋁線 1 段 / 25-30 公分
黑線 1 段 / 50-80 公分
樹枝 1 段 / 8-9 公分
螺絲起子
圓形瓶器 1 個
水苔少許

Tip

- 質地較軟的樹枝，使用的年限較短，但便於以螺絲起子鑽出固定鋁線的小孔。
- 質地較硬的樹枝，使用年限較長，但鑽孔時需要電鑽輔助。

1 在樹枝一端，先以螺絲起子鑽孔，深度約 0.5 公分。再將鋁線一端插入，開始纏繞樹枝數圈。

2 另一端鋁線，以圓形瓶器為模型，纏繞約 2/3 圈的大小。

3 將鋁線垂直摺起，調整後小樹枝能仰賴鋁線環平放於桌面上即可。

4 在樹枝上先以黑色或深色的縫衣線先固定少許水苔。

5 利用黑線纏繞小精靈下位葉（老葉），纏繞時以能固定住小精靈植株為主。黑線纏繞處，可裝飾少許的菘蘿鳳梨來遮蓋。

附植 × 毬果

毬果的造形和顏色，和水果鳳梨類似，利用它來附植小型空鳳，讓栽植空氣鳳梨又增添了一番趣味性。

1 製做吊掛用掛勾，於毬果後半端，將 2 mm 鋁線繞過毬果，再將頭尾兩端，平均絞纏後，向上製成掛勾或掛環。

{ 空氣鳳梨 }

卡比他他 *T. capitata*

{ 材料 }

毬果
鋁線 2 mm 一段
鋁線 1 ～ 1.5 mm 一段
剪定鋏
尖嘴鉗

2 利用剪定鋏，視需要將毬果頂端 1/3 處或末端剪除。

4 將纏鋁線的空氣鳳梨，固定在毬果頂端。

3 再以 1 mm 細鋁線於「卡比他他」基部，纏繞固定即可。

5 再將剪下來的毬果頂端，可用熱溶膠鋁線等方式，固定在空鳳與毬果接合處，讓空鳳更像是從毬果生長出來。

Tip

空鳳品種選擇類似水果鳳梨頭的葉形，大小也與毬果比例適當時，作品整體會更像是水果鳳梨。

以假亂真的
毬果鳳梨

Pine Cone
Imitating

來踢
空鳳毽子

Shuttlecock
Game

配合空鳳的體型，以大小不同的海
膽殼做盆器，選擇葉形細長的空鳳
品種，讓人聯想到好像可以拿來踢
一踢的毽子童玩。

{ 空氣鳳梨 }

小精靈 *T. ionantha*
雞毛撢子 *T. tectorum*
紅寶石 *T. andreana*

{ 材料 }

海膽殼
椰塊少許

1

視海膽殼大小，如較大的，可於殼內先行填入少
許的椰塊，以利未來空氣鳳梨根系的附植。

2

再將空氣鳳梨基部，輕輕的置入殼口中即可。

Tip

除了海膽殼外，您也可以撿拾大
蝸牛的空殼，還有棕櫚科花穗外
的佛焰苞等等，都是空氣鳳梨很
好搭配的天然素材。

233

學名索引

本索引是依照學名的字母順序排列。而由於空氣鳳梨皆為 Tillandsia 屬，因此學名開頭皆為 Tillandsia，按照種名從 a～z 排列下來，並對照目前市場上流通使用的中文名稱（但有少數較珍稀的品種尚無中文名稱，故僅列出學名）。

學名索引

空氣鳳梨圖鑑

魅力品種 × 玩賞栽培 × 佈置應用

Introduction
Cultivation
Arrangements

作　　者	梁群健、顏俊宇
社　　長	張淑貞
總 編 輯	許貝羚
主　　編	鄭錦屏
特約美編	莊維綺
行銷企劃	蔡瑜珊

發 行 人	何飛鵬
事業群總經理	李淑霞

出　　版	城邦文化事業股份有限公司‧麥浩斯出版
地　　址	115 台北市南港區昆陽街 16 號 7 樓
電　　話	02-2500-7578
發　　行	英屬蓋曼群島商家庭傳媒股份有限公司城邦分公司
地　　址	115 台北市南港區昆陽街 16 號 5 樓
讀者服務電話	0800-020-299
	9：30 AM～12：00 PM；01：30 PM～05：00 PM
讀者服務傳真	02-2517-0999
讀者服務信箱	E-mail：csc@cite.com.tw
劃撥帳號	19833516
戶　　名	英屬蓋曼群島商家庭傳媒股份有限公司城邦分公司

香港發行	城邦〈香港〉出版集團有限公司
地　　址	香港九龍土瓜灣土瓜灣道 86 號順聯工業大廈 6 樓 A 室
電　　話	852-2508-6231
傳　　真	852-2578-9337

馬新發行	城邦〈馬新〉出版集團Cite(M) Sdn Bhd
地　　址	41, Jalan Radin Anum, Bandar Baru Sri Petaling, 57000 Kuala Lumpur, Malaysia
電　　話	603-9056-3833
傳　　真	603-9057-6622

製版印刷	凱林印刷事業股份有限公司
總 經 銷	聯合發行股份有限公司
地　　址	新北市新店區寶橋路235巷6弄6號2樓
電　　話	02-2917-8022
傳　　真	02-2915-6275
版　　次	初版 5 刷　2024 年 8 月
定　　價	新台幣420元　港幣140元

Printed in Taiwan

國家圖書館出版品預行編目(CIP)資料

空氣鳳梨圖鑑：魅力品種×玩賞栽培×佈置應用 /
梁群健，顏俊宇著 . – 初版 . –
臺北市：麥浩斯出版：家庭傳媒城邦分公司發行, 2020.07
　面；　公分
ISBN 978-986-408-614-6(平裝)

1. 觀賞植物 2. 栽培

435.433　　　　　　　　　　　　　　　　　　　109008409